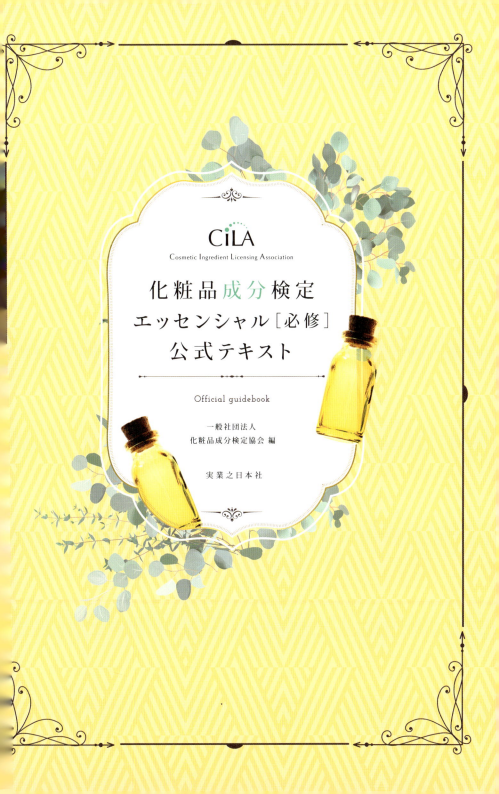

はじめに

　化粧品というと自分の生活の中では少し距離のあるものと思っている方もいるかと思いますが、石けん、ハンドソープ、シャンプー、歯磨き粉、日焼け止め、赤ちゃん用おしりふき……。これらはすべて化粧品です。

　実際には化粧品は衣食住と同じく生活必需品なのです。

　ならば、衣に服飾学や被服学、食に栄養学や食品工学、住に建築学や都市環境学があるように、化粧品にも化粧品成分や化粧品設計が学問としてあるべきです。

　そして、多くの学問が平易な形で一般にもわかりやすく解説されるように、化粧品成分や化粧品設計もそうあってほしいものです。

　栄養学の知識があると食材や食品選びの幅や楽しみが広がるように、化粧品成分の知識があると化粧品選びの幅や楽しみが広がります。これが化粧品成分検定協会（CILA）の考える「一般教養としての化粧品成分学」です。

　一方で、化粧品成分に関する正しい知識や情報が消費者に十分に提供されていないのをいいことに、珍妙な自説を広めて化粧品選びの幅を狭めさせ、自身がすすめる化粧品に誘導する専門家と名乗る方が多く存在します。インターネットの普及によって情報発信のハードルが大きく下がったことで、この状況はますますひどくなっています。

　学問から派生する正しい知識は、ほとんどが難解な上、わかったところで他の人に教えたくなる驚くような情報は少なく、良い成分・悪い成分のような単純二元論に帰することもありません。

対して単純でわかりやすい断言口調の（でも間違っている）情報は、消費者ウケがよく、ついつい他の人にも教えたくなる驚きに満ちているので、結果として大衆メディアでも重宝され拡散してしまうのが現実です。これは正しい情報よりもデマやフェイクニュースの方が圧倒的に拡散力が強いことと同じ問題です。

　化粧品成分検定協会（CILA）は、消費者が"化粧品成分の正しい知識を得て、化粧品選びの幅と楽しみを広げることができるように"との思いでテキストを作成し、その学びの成果を確認できる検定試験を実施しています。
　しかし、間違った情報などの影響もあり、必須である基礎知識の学習が、意図しない理解、間違った解釈を進めてしまう事例を見聞きするようになってきました。
　とても残念なことです。

　そこで、化粧品成分検定協会（CILA）では、化粧品への理解を深めるために、化粧品成分を学ぶことの意味や学ぶための前提となる正しい基礎知識を得ることを目的とした『化粧品成分検定エッセシャル［必修］』を構築し、公式テキストを作成することにしました。
　化粧品成分について学ぶ第一歩として、また、化粧品成分についてわかったつもりになってしまっている人にも、そして専門家の方にも自身の知識を再確認するために、ぜひ本書を活用していただきたいと思っています。

一般社団法人　化粧品成分検定協会（CILA）
代表理事　久光一誠

化粧品成分検定 エッセンシャル［必修］公式テキスト

はじめに 002

化粧品成分検定とは？ 008

Chapter 1

化粧品ってナニ？

まず知っておきたい！
化粧品と医薬部外品の定義 011

法律で決められた「化粧品」と「医薬部外品」の定義 012

「有効成分」と「美容成分」の違い 016

化粧品成分の分類と化粧品の設計のルール 022

化粧品の成分表示名称の見かた 034

　●原料別 化粧品の成分表示名称の見かた

　●化学物質の化粧品成分表示名称の見かた

　Column 時代とともに変わる化粧品成分の命名ルール 037

　　複雑な植物エキスと複雑な発酵成分が
　　組み合わさった難読成分名の例 041

Chapter 2

知ることで化粧品選びの幅が広がる

化粧品の成分に関するルール 051

化粧品の成分は化粧品メーカーの責任のもとに決定される ... 052

法定色素についての規制と業界団体の自主基準 064

メーカーの自己責任と自己管理で決まる化粧品の成分表示名称 ... 065

Contents

法律で使われている成分名と化粧品の成分表示は必ずしも一致しない ……… 069

化粧品の「全成分表示」制度 ……………………………………………… 070

Column 同じ？　違う？　配合上限の「有効桁」の見かた ……………… 063

Chapter 3

化粧品成分
とはルールが
異なる

医薬部外品の
成分に関するルール **073**

医薬部外品は「有効成分」と「添加物」のふたつで構成される ……………… 074

国の承認によって決まる医薬部外品添加物の規制 ……………… 076

医薬部外品の成分名は国の規格書にのっとって決まる ……………… 078

医薬部外品の成分表示名称と化粧品の成分表示名称との関係 ……………… 079

2種類存在する医薬部外品の成分表示 ……………………………… 083

Column 化粧品成分を学ぶということ ………………………………… 088

Chapter 4

イメージ
だけで選んで
いませんか？

自然化粧品・
オーガニック化粧品・
無添加化粧品の本質 **089**

自然指数、自然由来指数、オーガニック指数、

オーガニック由来指数が示すもの ………………………………… 090

天然成分は安心・安全というイメージの意味 ………………… 093

天然由来VS石油由来の矛盾 ………………………………………… 096

化粧品成分検定 エッセンシャル［必修］公式テキスト

石油由来はもう石油由来とは限らない ……………………………… 097

オーガニック化粧品とは？　イメージとその実態 ………………… 098

無添加化粧品とは？　何が"無添加"であるかが重要 ……………… 100

Chapter 5

思い込みではなく正しい知識を持とう

化粧品成分の安全性を考える　**103**

界面活性剤　主な成分の分類と特徴 ………………………………… 104

紫外線吸収剤　アレルギーリスクについて ……………………… 110

急性毒性と化粧品成分の安全性に関する誤解 …………………… 114

発がんリスクと化粧品成分の安全性　IARCリストの見かた …… 118

シリコーンは何が良くないのか？　世間にはびこる誤情報 …… 122

低刺激化粧品は本当に低刺激？　自分基準で考える大切さ …… 125

Column　日焼け止め選びの新基準「UV耐水性」……………… 112

Chapter 6

情報に惑わされないために知識を深めよう

もっと知りたい！化粧品成分Q&A　**127**

Q. 化粧品に効果はない？ …………………………………………… 128

Q. 化粧品成分は浸透しない？ ……………………………………… 131

Q. 美容成分は少量しか入っていない？ …………………………… 134

Q. 抗酸化成分と酸化防止剤の違いは？ …………………………… 136

Contents

Q. ナノサイズはどのくらい小さい? ·················· 139

Q. オールインワン化粧品とシリーズ使いはどちらが良い? ·················· 141

化粧品・医薬部外品に関する法律と業界団体の自主基準・ガイドラインのまとめ ·················· 143

国（厚生労働省）が定めるもの ·················· 144

日本化粧品工業会（粧工会）による主な自主基準・ガイドライン ·················· 145

勉強の成果を確認

実力を試してみよう！例題集 ·················· 147

例題 **1**・例題 **2** ·················· 148

例題 **3**・例題 **4** ·················· 149

例題 **5**・例題 **6** ·················· 150

例題 **7**・例題 **8** ·················· 151

例題 **9**・例題 **10** ·················· 152

例題集解答

例題 **1**・例題 **2** の解答 ·················· 153

例題 **3**・例題 **4** の解答 ·················· 154

例題 **5**・例題 **6** の解答 ·················· 155

例題 **7**・例題 **8** の解答 ·················· 156

例題 **9**・例題 **10** の解答 ·················· 157

参考文献・参考資料一覧 ·················· 158

編者　一般社団法人　化粧品成分検定協会（CILA）

代表理事　略歴 ·················· 159

化粧品成分検定とは？

　一般社団法人 化粧品成分検定協会（CILA）による、化粧品成分検定とは、身のまわりにある化粧品に記載されている成分の情報、及びパッケージに記載されている情報を、読み解けるように導く検定です。

　化粧品や医薬部外品の定義、成分の表示ルール、化粧品成分の構造等の基礎知識を学び、さらに各成分の特性、成分配合の組み合わせの意味など、成分から読み解く力を「化粧品成分検定」によって身につけることができます。

　化粧品成分検定協会（CILA）ではできる限り公正中立な立場で、化粧品成分の紹介を行っています。

　インターネットなどに氾濫する根拠の乏しい情報や広告のイメージに惑わされることなく、化粧品成分に関して正しい知識を得てほしいと願っております。それらの知識が、自分の肌質や嗜好に合った化粧品を選ぶことに大きく役立つはずです。

いろいろ役立つ！　化粧品成分検定の資格取得のメリット

●日常生活に役立つ

　化粧品の成分表示を読み解き、肌質や目的、嗜好に合わせた幅広い化粧品選びができるようになります。

> 自分の肌に合った化粧品がなかなか見つからない人、もっときれいになりたい人、子どもや自身に安心・安全な製品を選びたい人、敏感肌・ナチュラルコスメユーザーの方に……。

●仕事に役立つ

　スキルの幅が広がり、お客さまへのアドバイスや企画の提案力向上につながります。

> 化粧品販売員、コールセンターオペレーター、化粧品製造・原料メーカー、エステティシャン、アロマテラピスト、美容ライター、ジャーナリストなど、化粧品・美容業界の仕事に従事する方、また就職、転職を希望の学生および社会人に……。

化粧品成分検定 実施要項

　化粧品成分検定では入門編から上級スペシャリスト向けの3段階の検定を実施。さらに、2025年6月より、化粧品成分を学ぶための正しい知識を測る「化粧品成分検定 エッセンシャル［必修］」が始まります。入門編の3級は化粧品成分協会（CILA）の公式ホームページから、無料のWeb検定で簡単にトライすることができます。その上の2級、1級、エッセンシャルの検定試験は年2回行われ、合格者のうち、希望者は別途それぞれ「化粧品成分スペシャリスト」「化粧品成分上級スペシャリスト」「化粧品成分上級スペシャリスト Essential」の資格認定を取得できます。化粧品選びや化粧品を使う楽しさが広がるだけではなく、化粧品・美容業界での就職やキャリアアップにも役立ちます。

Step1 3級 入門
知識の範囲／日々の生活で役立つ成分知識を手に入れることができる
試験方法／公式ホームページ(PC・スマートフォン)で受験
試験時期／随時
受験料／無料

Step2 2級 基礎
知識の範囲／基本的な成分・容器やパッケージの記載内容を理解できる
試験方法／会場試験・CBT試験・マークシート方式
試験時期／年2回(6月・12月に開催)
受験料／7,700円(税込)

● 合格者は「化粧品成分スペシャリスト」として認定

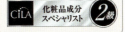

Step3 1級 応用
知識の範囲／全成分表示を読み解き、第三者にアドバイスできる
試験方法／会場試験・CBT試験・マークシート・記述方式
試験時期／年2回(6月・12月に開催)
受験料／12,100円(税込)

● 合格者は「化粧品成分上級スペシャリスト」として認定

化粧品成分検定 エッセンシャル［必修］ 2025年6月よりスタート！

化粧品そのものの理解が深まり、化粧品や化粧品成分に関する情報を正しく判断できるように!

知識の範囲／化粧品成分を学ぶために必須な知識を正しく理解できる
試験方法／会場試験・CBT試験・マークシート方式
試験時期／年2回(6月・12月に開催)…2025年より実施
受験料／12,100円(税込)

● 合格者は「化粧品成分上級スペシャリスト Essential」として認定

申し込み・詳細は化粧品成分検定協会(CILA)公式ホームページへ ▶ https://www.seibunkentei.org/

※認定マークのデザインはイメージです。

■本書は『化粧品成分検定エッセンシャル
■［必修］公式テキスト』です

　化粧品成分検定は、多くの人が化粧品成分について学び、理解を深めることを目的としていますが、それは成分名を丸暗記することではありません。化粧品とは？　医薬部外品とは？　というところからスタートし、化粧品成分の構造や全成分表示のルールを知り、化粧品そのものを理解することが大切だと考えます。本書では、多くの人が信じてしまいがちな、化粧品にまつわる効果や安全性の問題についても、法律や科学的根拠に基づき解説します。思い込みを払拭し、化粧品や化粧品成分に対し、正しく対峙できる土台を築きます。

　化粧品成分検定に初めて挑戦する人だけでなく、すでに3級、2級、1級の検定をクリアしている方も、より化粧品と化粧品成分の理解を深めるのに役立ちます。

■化粧品成分のそれぞれの特徴については
■『化粧品成分検定公式テキスト』で学ぶことができます

カテゴリーごとに化粧品成分を解説
全成分表示を読み解くことができるようになる

化粧品成分検定
公式テキスト［改訂新版］

化粧品成分を「ベース成分」「機能性成分」「安定化成分」「その他の成分」に分類し、よく用いられている成分とその特徴を解説。さらに全成分表示を読み解くために必要な情報を「コツ」として紹介しています。検定試験のための勉強のみならず、化粧品を購入するときの参考書としても使えます。
2,200円（税込）／実業之日本社

Chapter 1

まず知っておきたい！
化粧品と
医薬部外品の定義

化粧品ってナニ？

化粧品の成分について学ぶ前に

「化粧品」そのものの知識を得ることが大切です。

普段使っている、一般的なスキンケア、メイク、ヘアケア用品は、

法律により「化粧品」「医薬部外品」、

そして治療を目的にした「医薬品」に分類され、

効果・効能の範囲が明確に決められています。

まずは、あいまいになりがちな「化粧品」と

「医薬部外品」の定義やその違いを知り、

成分分類の化粧品設計のルールや成分表示の見かたなどの

基本をきちんと学びましょう。

法律で決められた「化粧品」と「医薬部外品」の定義

CHAPTER 1

化粧品の定義

化粧品とは、『医薬品、医療機器等の品質、有効性及び安全性の確保等に関する法律』（医薬品医療機器等法）で次のとおりに定められています。

【医薬品医療機器等法】

> この法律で「化粧品」とは、人の身体を清潔にし、美化し、魅力を増し、容貌を変え、又は皮膚若しくは毛髪を健やかに保つために、身体に塗擦、散布その他これらに類似する方法で使用されることが目的とされている物で、人体に対する作用が緩和なものをいう。

整理すると

①対象	人の身体
②効果	清潔にする、美化する、魅力を増す、容貌を変える、皮膚を健やかに保つ、毛髪を健やかに保つ、のうちひとつ以上
③使用法	塗る、擦る、吹き付ける、その他
④作用	穏やかである

以上の4項目を全て満たすものが化粧品ということになります。**ひとつでもあてはまらないものがあればそれは化粧品ではありません。**

たとえば「顔に塗ると穏やかな作用でシワを改善します」という物品は①、

③、④を満たしていますが、「シワを改善」する効果は②にあてはまらないので化粧品には該当しません。**化粧品でない物品を化粧品と称して販売することは法律違反**となります。

　医薬品医療機器等法で定められている化粧品の効果と、世の中にあるさまざまな化粧品アイテムを対応させて整理すると次のようになります。

化粧品の効果	対応する化粧品アイテム
人の身体を清潔にする	洗浄料（洗顔料、クレンジング料、ボディソープ、ヘアシャンプーなど）
人の身体を美化し、魅力を増し、容貌を変える	メイクアップ化粧品（ファンデーション、口紅、マニキュア、染毛料など）、フレグランス化粧品など
皮膚を健やかに保つ	スキンケア化粧品（化粧水、乳液、クリーム、美容液など）など
毛髪を健やかに保つ	ヘアケア化粧品（ヘアリンス、養毛料など）など

注）「医薬品、医療機器等の品質、有効性及び安全性の確保等に関する法律」は、以前は「薬事法」という名称でしたが2014年に現在の名称に改められました。「薬機法」という略称を使うこともありますが、法律の条文内では『医薬品、医療機器等の品質、有効性及び安全性の確保等に関する法律（昭和三十五年法律第百四十五号。以下「医薬品医療機器等法」という。）』のように「医薬品医療機器等法」の略称が用いられているので、本書でも医薬品医療機器等法とします。

医薬部外品の定義

　医薬部外品とは、医薬品医療機器等法では以下のとおり定義されていますが、化粧品と比べるとかなりわかりにくい表現になっています。

【医薬品医療機器等法】

　この法律で「医薬部外品」とは、次に掲げる物であって人体に対する作用が緩和なものをいう。

一．次のイからハまでに掲げる目的のために使用される物（これらの使用目的のほかに、併せて前項第二号又は第三号に規定する目的のために使用される物を除く。）であつて機械器具等でないもの
　イ　吐きけその他の不快感又は口臭若しくは体臭の防止
　ロ　あせも、ただれ等の防止
　ハ　脱毛の防止、育毛又は除毛

二．人又は動物の保健のためにするねずみ、はえ、蚊、のみその他これらに類する生物の防除の目的のために使用される物（この使用目的のほかに、併せて前項第二号又は第三号に規定する目的のために使用される物を除く。）であつて機械器具等でないもの

三．前項第二号又は第三号に規定する目的のために使用される物（前二号に掲げる物を除く。）のうち、厚生労働大臣が指定するもの

　この定義を補足し、きわめてざっくりと整理すると『Aという成分をB%配合したCという製品は、Dという作用によってEという効能・効果を発揮するもので、人体に対する作用が緩和なもの』となります。

医薬部外品は、特定の成分で特定の効能・効果を発揮するという点は医薬品のようですが、人体に対する作用が穏やかなので医師等による指導なしで（処方箋なしで）自由に使えるという点は化粧品のようでもあるため、「医薬品と化粧品の中間」と表現されることもあります。

ただし、医薬部外品には「殺虫剤」「のど清涼剤」「ドリンク剤」「口中清涼剤」「生理処理用ナプキン」など化粧品的でないカテゴリーも多く存在するため、これはこれで微妙に変な表現ではあります。

医薬部外品には化粧品的でないものも多数含まれますが、**本書で「医薬部外品」といった場合、特に断りのない限り、医薬部外品の中の化粧品的なもの（薬用石けん、薬用化粧品類、浴用剤、染毛剤、パーマネント・ウェーブ用剤、薬用歯みがき類）に限定したものとします。**

医薬部外品を化粧品的なものに限定すれば医薬部外品を医薬品と化粧品の中間と理解することも、あながち間違いではありません。

医薬品	医薬部外品	化粧品
目的	目的	目的
人体に作用して病気の治療や予防を行う	人体に作用して医薬品に準ずる予防に重点を置いたもの	人体表面に作用して美しくする 魅力的にする 容貌を変える 皮膚を健やかに保つ 毛髪を健やかに保つ

「有効成分」と「美容成分」の違い

有効成分

　医薬部外品において肌荒れ改善、抗炎症、殺菌、美白、シワ改善などの特定の効能・効果を発揮する成分が「有効成分」です。

Aという成分 をB%配合したCという製品はDという作用によってEという効能・効果を発揮するもので、人体に対する作用が緩和なもの

有効成分

　有効成分は、効能・効果だけでなく安全性や安定性も含めて数多くの実験データをもとに国による審査を経て承認されるもので、これにはかなりの時間と費用がかかるため、新規有効成分の開発は人材と資金がある企業でなければなかなかできません。そのため有効成分には、その成分を開発した企業の技術力を消費者にアピールするという役割もあります。

　これまでに肌荒れ改善、美白、抗炎症、殺菌、シワ改善、染毛、パーマネント・ウェーブ、腋臭防止、育毛、除毛など、さまざまな効能・効果を発揮する医薬部外品有効成分が開発され、承認されています。

　有効成分を開発した企業は、その成分に適切な成分名を付けた上で国に申請を行います。別々の企業がたまたま同じ成分を違う名前で有効成分として申請した場合、たとえばニコチン酸アミドとナイアシンアミドのように、実態として同じ化合物が異なる名前で存在することがあります。

医薬部外品有効成分と効能・効果の例

（　）内は愛称

効能	有効成分名
肌荒れ改善	ジクロロ酢酸ジイソプロピルアミン（DADA）、γ-アミノ酪酸（GABA）、ガンマ-アミノ-ベータ-ヒドロキシ酪酸（バイサミン）、トラネキサム酸、ニコチン酸アミド、ナイアシンアミド、塩化レボカルニチン、酢酸-dl-α-トコフェロール
美白	コウジ酸、アルブチン、L-アスコルビン酸 2-グルコシド、エラグ酸、カモミラET、リノール酸、m-トラネキサム酸、4-メトキシサリチル酸カリウム塩（4MSK）、4-n-ブチルレゾルシノール、ニコチン酸アミドW、ナイアシンアミド
抗炎症	グリチルリチン酸ジカリウム、グリチルレチン酸ステアリル、アラントイン
シワ改善	三フッ化イソプロピルオキソプロピルアミノカルボニルピロリジンカルボニルメチルプロピルアミノカルボニルベンゾイルアミノ酢酸Na（ニールワン®）、ニコチン酸アミド、ナイアシンアミド、レチノール、dl-α-トコフェリルリン酸ナトリウムM

注）同じ成分でも申請した企業ごとに違う名前を付けていることがあります。

美容成分

　特定の成分が特定の効能・効果を発揮する医薬部外品とは異なり、**化粧品は製品全体によって効能・効果を発揮するもの**とされています。そしてその効能・効果は、医薬品医療機器等法によって「**清潔にする**」「**美化する**」「**魅力を増す**」「**容貌を変える**」「**皮膚を健やかに保つ**」「**毛髪を健やかに保つ**」**からひとつ以上の効果を持つもの**であると定められています。

　これをもっと具体的な言葉に展開してまとめた一覧表が、昭和36［1961］年2月8日薬発第44号薬務局長通知「薬事法の施行について」の別表第1（平成23［2011］年7月21日薬食発0721第1号医薬食品局長通知により改正）です。この通知で**56項目の化粧品の効能・効果が定められています。**

まず知っておきたい！　化粧品と医薬部外品の定義

化粧品の効能の範囲

①頭皮、毛髪を清浄にする。

②香りにより毛髪、頭皮の不快臭を抑える。

③頭皮、毛髪をすこやかに保つ。

④毛髪にはり、こしを与える。

⑤頭皮、毛髪にうるおいを与える。

⑥頭皮、毛髪のうるおいを保つ。

⑦毛髪をしなやかにする。

⑧クシどおりをよくする。

⑨毛髪のつやを保つ。

⑩毛髪につやを与える。

⑪フケ、カユミがとれる。

⑫フケ、カユミを抑える。

⑬毛髪の水分、油分を補い保つ。

⑭裂毛、切毛、枝毛を防ぐ。

⑮髪型を整え、保持する。

⑯毛髪の帯電を防止する。

⑰（汚れをおとすことにより）皮膚を清浄にする。

⑱（洗浄により）ニキビ、アセモを防ぐ（洗顔料）。

⑲肌を整える。

⑳肌のキメを整える。

㉑皮膚をすこやかに保つ。

㉒肌荒れを防ぐ。

㉓肌をひきしめる。

㉔皮膚にうるおいを与える。

㉕皮膚の水分、油分を補い保つ。

㉖皮膚の柔軟性を保つ。

㉗皮膚を保護する。

㉘皮膚の乾燥を防ぐ。

㉙肌を柔らげる。

㉚肌にはりを与える。

㉛肌にツヤを与える。

㉜肌を滑らかにする。

㉝ひげを剃りやすくする。

㉞ひげそり後の肌を整える。

㉟あせもを防ぐ（打粉）。

㊱日やけを防ぐ。

㊲日やけによるシミ、ソバカスを防ぐ。
㊳芳香を与える。
㊴爪を保護する。
㊵爪をすこやかに保つ。
㊶爪にうるおいを与える。
㊷口唇の荒れを防ぐ。
㊸口唇のキメを整える。
㊹口唇にうるおいを与える。
㊺口唇をすこやかにする。
㊻口唇を保護する。口唇の乾燥を防ぐ。
㊼口唇の乾燥によるカサツキを防ぐ。
㊽口唇を滑らかにする。
㊾ムシ歯を防ぐ（使用時にブラッシングを行う歯みがき類）。
㊿歯を白くする（使用時にブラッシングを行う歯みがき類）。
(51)歯垢を除去する（使用時にブラッシングを行う歯みがき類）。
(52)口中を浄化する（歯みがき類）。
(53)口臭を防ぐ（歯みがき類）。
(54)歯のやにを取る（使用時にブラッシングを行う歯みがき類）。
(55)歯石の沈着を防ぐ（使用時にブラッシングを行う歯みがき類）。
(56)乾燥による小ジワを目立たなくする。

注1）　例えば、「補い保つ」は「補う」あるいは「保つ」との効能でも可とする。
注2）　「皮膚」と「肌」の使い分けは可とする。
注3）　（　）内は、効能には含めないが、使用形態から考慮して、限定するものである。

昭和36［1961］年2月8日薬発第44号薬務局長通知「薬事法の施行について」の別表第1
最新改正平成23［2011］年7月21日薬食発0721第1号医薬食品局長通知「化粧品効能の範囲の改正について」

●美容成分は宣伝で化粧品の特徴を際立たせるためのもの

化粧品製造販売業者（いわゆる化粧品メーカー）は、この56項目の中から販売する化粧品に合った効能・効果を選んで消費者に説明します。なお、効能の一部には条件付きのものがあり、条件を満たしている場合にのみ標榜することができます。

56項目といってもヘアケア化粧品の効能や洗顔料の効能、日焼け止めの効能など、アイテムごとに候補となりうる効能・効果はせいぜい数種類ずつしかありません。これでは多くの会社の化粧品で効能・効果が同一になってしまい、自社の化粧品の良さや特徴を消費者に伝えることはとても難しくなります。

そこで、**その化粧品の特徴を何か特定の成分とセットにしてみせる**ことで消費者により強く印象づけたい、もしくは特定の成分を使って、その化粧品に込めた自分たちの想いや、56項目とは違うイメージを消費者に伝えたいといったいくつかの目的で、化粧品においても特定の成分を特徴として際立たせる宣伝手法が一般的に行われています。**このような成分に決まった呼び名はありませんが本書では「美容成分」と呼びます。**

ただし、このような宣伝手法は行き過ぎれば法律の趣旨を損ねることになるため、化粧品メーカーは「化粧品における特定成分の特記表示について」（昭和60［1985］年9月26日薬監第53号厚生省薬務局監視課長通知）や「医薬品等適正広告基準」（平成29［2017］年9月29日薬生発0929厚生労働省医薬・生活衛生局長通知）、「化粧品等の適正広告ガイドライン」（日本化粧品工業会［粧工会]）などの法規制や業界の自主規制を踏まえた宣伝活動をしなければなりません。

たとえば、医薬部外品で皮膚の炎症を抑える有効成分として配合されるグリチルリチン酸ジカリウムは、グリチルリチン酸2Kの名前で化粧品にも配合されることがあります。ふたつは同じ成分ですが、医薬部外品では抗炎症の効能・効果を発揮する「有効成分」で、化粧品では抗炎症のイメージを使って消費者に商品の特徴をわかりやすく伝えるための「美容成分」です。

同様に、美白有効成分で有名なL-アスコルビン酸2-グルコシドも、化粧品で美白の働きをイメージしてもらう美容成分として、アスコルビルグルコシ

ドの名前で配合されることがあります。

● **美容成分に関する質の低い情報があふれている**

　美容成分は商品の差別化に直結する成分なので、消費者に向けて発信される情報の量は非常に多いものの、その質は玉石混交(ぎょくせきこんこう)です。

　日本化粧品技術者会や日本香粧品学会、日本化粧品工業会（粧工会）*といった、学術団体や業界団体、厚生労働省などの良質な情報に触れる機会が少ない消費者が、自称専門家による質の低い情報に振りまわされる状況は、誰でも容易に情報発信できるインターネットの普及によって、さらに深刻さを増しています。

*東京化粧品工業会、中部化粧品工業会、西日本化粧品工業会の連合組織だった日本化粧品工業連合会（粧工連）は、2023年4月に新統一団体「日本化粧品工業会（粧工会）」になりました。

有効成分	美容成分
医薬部外品の効能・効果を発揮する成分	化粧品の特徴をわかりやすく伝えるための成分

　美容成分は、化粧品の効能・効果をわかりやすく伝えることが役割であり、化粧品をより楽しむための情報を与えてくれるものです。

　サラダにたとえると、使われている野菜それぞれが、どこでどう栽培されたのか、どんな栄養が含まれているのかといった情報があると、まったく同じサラダでも楽しさやおいしさが増すのと同じです。

　美容成分というよりも「情報成分」というほうが実態をよく表す呼び方かもしれません。有効成分と美容成分の役割の違いを正しく理解して化粧品選びを楽しんでください。

化粧品成分の分類と
化粧品の設計のルール

実際には使われていない成分も多数含まれているとはいえ、**化粧品の成分表示名称リストには15,000以上の成分名が掲載**されています。

化粧品には非常に多くの成分があり、これらを単に並べて解説されても、とてもではありませんが理解できません。何らかの基準で分類して、分類ごとの特徴とともに考えるとわかりやすくなります。

成分分類の基準

「物性」、「由来」、「分子構造」、「目的」など、さまざまな基準での分類方法があります。

分類の基準	分類名の例
物性	液体、ペースト、固形、粉体、ペレット　など
溶解性	水溶性、油溶性、不溶性、両親媒性　など
由来	天然、植物、動物、鉱物　など
製造方法	合成、抽出、微生物産生　など
分子構造	糖類、アミノ酸、炭化水素、アルコール、脂肪酸、エステル、シリコーン、カテキン　など
目的	乳化、保湿、洗浄、着色、防腐、酸化防止、増粘、美白、抗炎症、抗シワ、抗酸化　など

どの基準を使った分類がよいかは、何を説明したいのか、どう説明したいのかなど場面によってさまざまです。また実際には異なる基準による分類が混在した分類を使って説明することが多くあります。化粧品成分検定協会（CILA）でも、いくつかの基準を組み合わせた分類方法を使っています。

複数の分類にまたがる機能や性質を持った成分の場合、それぞれの分類

に同じ成分が記載されることもあれば、特に注目している分類にだけ記載されることもあります。分類の名称も「ペースト」「ペースト状」「軟膏状」だったり、「乳化」「乳化剤」「乳化成分」だったり、呼び方にブレがあるものが多くあります。また、従来の分類のどこにも属さない新素材が開発されたり、同じ成分でもこれまでとは違う分類に属する新しい使い方が見つかったりすると、分類が変更になったり、分類そのものが増減したり、分類同士の関係が変更になったりもします。

　どの成分をどう分類するかは、ざっくりとしたレベルでは大きな違いはありませんが、中分類、小分類と細かくなるにつれ、人によって、また考え方や場面によって、かなり違いが大きくなります。あまり細かいところにこだわりすぎると混乱するので、全体を俯瞰するようにしてください。

分類があいまいな例

　由来とはそれを出発点として用いているという意味です。「植物由来」といえば植物を出発として作られた成分であり、「石油由来」といえば多くの場合、石油を出発として作られた成分、「微生物由来」といえば微生物を出発として作られた成分を意味します。たとえば微生物由来の成分としては「酵母」「酵母エキス」といった成分が該当します。

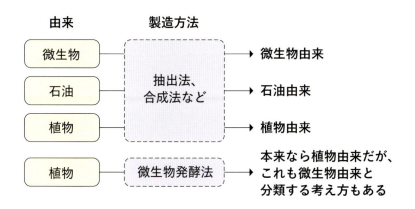

ところが、製造方法が微生物発酵法の場合、本来であれば出発点となった植物由来になるはずの成分を「微生物由来」に分類する考え方もあります。

このように、製造方法による分類が由来による分類へ混ざり込んでしまっている例としてほかに「合成由来」があります。合成は製造方法なのですが由来による分類として合成由来が使われる場合があります。しかも合成によって作られたものがすべて合成由来とされることは少なく、動物や植物などを出発点として合成によって製造した成分は、本来的な由来である植物由来や動物由来とし、それ以外を合成由来と分類する考えが多いです。

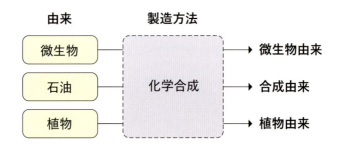

多くの化学反応を経由して合成される成分、ステアリン酸ポリグリセリル-10も元をたどると植物油脂が出発点になります。そのため「植物由来」と分類する考え方がその一例です。

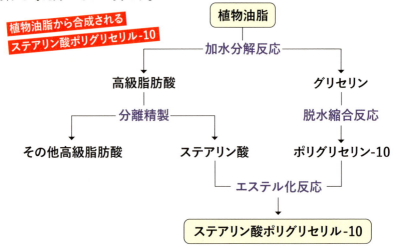

多くの化学反応を経由していても、元をたどってどこかで植物にたどりつくなら、合成由来ではなく植物由来である。この考え方をさらに突き詰めていくと、石油のもとは主に海洋性プランクトンや藻類*なのだから、石油由来という分類は存在せず、これも植物由来に分類するという考え方も可能であり、実際にそのような解釈で分類している例もありました。

　分類とは「ある基準に従って、物事を似たものどうしにまとめて分けること」（『大辞林』）です。

　化粧品成分の分類に公的な基準はないので「ある基準」「似たもの」の解釈は人によってかなりの幅があり、ある意味ではご都合主義でどうとでもなるものです。これは厳密な基準がありそうに思える分子構造や溶解性、物性などによる分類にもあてはまります。ある成分が見かたによっては一般的な分類とは別の分類にも解釈できる事例は多数あります。

Essential Point!

　このように、**化粧品成分の分類はかなりあいまいなものです**。そのため「この分類の成分は肌に良い／悪い」といった解説も、分類自体が極めてあいまいなので深く考える意味は薄く、「なんとなくそんな感じ」「そういうイメージがある」程度の認識で十分です。

*https://www.nite.go.jp/nbrc/industry/other/bioreme2009/knowledge/oil/oil_1.html
　独立行政法人 製品評価技術基盤機構　「石油のなりたち」

化粧品成分検定協会（CILA）でよく使用する分類の例

大分類	中分類	小分類
水性成分 （溶解性と目的）	水	
	エタノール	
	保湿剤（目的）	グリセリン類（分子構造）
		多価アルコール類 （分子構造）
		PEG
		ヒアルロン酸類（分子構造）
		コラーゲン類（分子構造）
		糖類（分子構造）
		その他
界面活性剤 （分子構造と物性）	アニオン界面活性剤 （分子構造）	高級脂肪酸アルカリ金属塩 （分子構造）
		N-アシルアミノ酸塩 （分子構造）
		硫酸塩・スルホン酸塩 （分子構造）
		その他
	カチオン界面活性剤 （分子構造）	帯電防止剤（目的）
		殺菌剤（目的）
		その他
	両性界面活性剤 （分子構造）	
	非イオン界面活性剤 （分子構造）	
油性成分 （溶解性と目的）	炭化水素（分子構造）	
	高級脂肪酸（分子構造）	
	高級アルコール（分子構造）	
	ロウ・ワックス （分子構造と由来）	
	油脂（分子構造と由来）	
	エステル油 （分子構造と由来）	合成ロウ（分子構造）
		合成油脂（分子構造）
		その他
	シリコーン（分子構造）	

（　　）内は分類の基準

大分類	中分類	小分類
着色剤（目的）	無機顔料（由来と物性）	着色顔料（外観）
		白色顔料（外観）
		パール顔料（外観）
		体質顔料（目的）
	有機合成色素（由来）	染料（物性）
		有機顔料（物性）
	レーキ（製造方法）	
	天然色素（由来）	
品質保持・品質向上剤（目的）	増粘剤（目的）	
	酸化防止剤（目的）	
	キレート剤（目的）	
	pH調整剤（目的）	
	防腐剤（目的）	
美容成分・有効成分（目的）	紫外線防止（目的）	
	肌荒れ改善（目的）	
	抗炎症（目的）	
	美白（目的）	
	抗シワ（目的）	
	血行促進（目的）	
	ピーリング（目的）	
	収れん・制汗（目的）	
	皮脂抑制（目的）	

まず知っておきたい！化粧品と医薬部外品の定義

　溶解性、分子構造、目的、由来などさまざまな観点での分類方法が入り混じっていますが、化粧品成分検定協会（CILA）では、現在のところおおむねこのような分類に沿って化粧品成分を学んでもらっています。

本書の分類に関する考え方

●保湿剤

　本書では、**保湿剤を「水とゆるく結合すること（水素結合）によって肌からの水分蒸散を抑制する成分」**と定義しています。また、化粧品の基本設計の核となる成分のうち、水によく溶ける成分を水性成分と定義しているので、**保湿剤は水性成分のひとつ**としています。

　一方で、定義をもっと広く、肌からの水分蒸散を抑制する成分全般を保湿剤とする考え方もあり、この場合は炭化水素や油脂、セラミドなどの油性成分も保湿剤に含まれます。そうすると保湿剤は水性成分でも油性成分でもなくなるため、保湿剤を水性成分の外へ出して、大分類に位置付ける参考書もあります。**本書では炭化水素や油脂は油性成分、セラミドは美容成分に分類**します。

　アミノ酸も水分保持力に優れた成分なので保湿剤に分類している参考書があります。しかしアミノ酸は化粧品のpHを変えたり、他の成分と反応するなど影響の大きな成分です。保湿性能が高くても多くの化粧品ではその性能を発揮できるほどの量を配合できません。

　アミノ酸が持つ保湿や栄養素としてのイメージの良さを、その化粧品の魅力として活用する用途が多いため、**本書ではアミノ酸を有効成分・美容成分に分類**します。

●界面活性剤、洗浄剤、乳化剤、可溶化剤

　水に溶けやすい部分（親水基）と油に溶けやすい部分（親油基または疎水基）が棒磁石のN極とS極のように一体になった構造をした化合物の多くは、水と油のような混ざり合わない2種類の液体を混ざった状態に安定化する作用（界面活性作用）があります。

　このような構造をした成分を本書では界面活性剤と分類しています。界面活性剤は、**油汚れを水の中に混ぜて流す用途で使われる**ことがあり、この用途で使用する場合には「**洗浄剤**」と呼ぶことがあります。また界面活性剤は、**油と水が混ざった状態を長く安定した状態にする用途で使われる**ことがあり、この場合には「**乳化剤**」と呼ぶこともあり、**油を水の中に極めて小さな油滴として分散させ、まるで油が水に溶けているように見せる用途で使われる場合には**「**可溶化剤**」と呼ぶこともあります。

界面活性作用がある成分：界面活性剤	界面活性作用によって汚れを流す用途のとき：**洗浄剤**
	界面活性作用によって水と油が混ざった状態（乳液やクリーム）を作る用途のとき：**乳化剤**
	界面活性作用によって油が水の中に溶けたかのように細かく分散させる用途のとき：**可溶化剤**

　界面活性剤は用途ごとに異なる呼び名で分類されることがありますが、用途を基準にした分類なので、まったく同じ成分でも洗顔料に配合した時は洗浄剤と呼ばれ、乳液やクリームに配合した時は乳化剤と呼ばれるといったこともありえます。

●シリコーン

　本書では、化粧品の基本設計の核となる成分のうち**水に溶けない成分を油性成分と定義**しているので、**シリコーンも油性成分に分類**しています。

　油性成分のほとんどが炭素原子（C）と水素原子（H）からなる炭化水素構造を骨格にしている中で、シリコーンはケイ素原子（Si）と酸素原子（O）からなる、シロキサン構造を骨格とした分子構造をしています。

　特異な構造を持ったシリコーンは水と混ざらないだけでなく、炭化水素構造を骨格とする従来の油性成分とも混ざりにくい性質があります。そのためシリコーンを油性成分とは別にして、水性成分、界面活性剤、油性成分などと並ぶ大分類に位置づける考え方もあります。

　これはオイルフリー化粧品の考え方に影響します。シリコーンを油性成分の中に分類するのであれば、オイルフリー化粧品の設計にシリコーンは使えませんが、シリコーンを油性成分とは別の独立した分類と考えれば使うことができます。オイルフリー化粧品はオイルを配合していないという意味ですが、何をオイルとするかは化粧品メーカーごとに少々幅があります。そのためオイルフリー化粧品を求める人は、何をオイルとするか自分の考えを決めてからでないと、自分が思っているオイルフリー化粧品を選ぶことができません。

　別の言い方をすれば、シリコーンをオイルに含めるのか含めないのかといった、細かいことまで考えたことがないのであれば、オイルフリーかどうかにあまりこだわる必要はないかもしれません。

●化粧品成分の組み合わせを知ることで化粧品が理解できる

化粧品成分を学ぶ上で、成分の分類や各成分の解説をただただ丸暗記したのでは応用も利かず役に立つ知識にはなりません。化粧品成分がどのように組み合わされて化粧品になっているのか、その概略を知っておくと化粧品と成分のつながりがわかるので、化粧品成分の理解が進むと思います。

ただし、あくまで一般的な話であり、**必ずこうなっているわけではないことに注意**してください。

化粧品成分と化粧品の構造

- 水性成分
  - 化粧水
  - 乳液／クリーム／クレンジングクリーム／ヘアコンディショナー
- 界面活性剤
  - 洗顔フォーム／ボディソープ／ヘアシャンプー
  - 石けん／洗顔パウダー
  - 乳液／クリーム／クレンジングクリーム／ヘアコンディショナー
- 油性成分
  - 洗い流しクレンジングオイル
  - フェイスオイル／ヘアオイル／拭き取りクレンジングオイル
  - 口紅／油性ファンデーション
  - リキッドファンデーション
- 着色剤
  - ルースタイプファンデーション
  - 口紅／油性ファンデーション
  - リキッドファンデーション
- 品質保持剤／品質向上剤
- 有効成分／美容成分

水性成分について学ぶと、化粧水の基礎設計を知ることができます。

界面活性剤について学ぶと、固形石けんや洗顔パウダーの基礎設計を知ることができます。そして洗顔フォーム、ボディソープ、ヘアシャンプーといった洗浄料は、界面活性剤と水性成分でできていることも知ることができます。

油性成分について学ぶと、肌や毛髪に油分を塗布するフェイスオイルやヘアオイル、油によって油汚れを取り除く拭き取りタイプのクレンジングオイルの基礎設計を知ることができます。そして油性成分と界面活性剤の組み合わせで、洗い流しタイプのクレンジングオイルの基礎設計を知ることができます。

さらに、乳液やクリームといった、いわゆる乳化物と呼ばれる化粧品は、水性成分、油性成分、界面活性剤の組み合わせによってできていることを知ることができます。

わたしたちに身近なスキンケア化粧品の多くが水性成分、油性成分、界面活性剤の3つの分類の成分を基礎に成り立っていることがイメージできると化粧品成分をより理解しやすくなると思います。

ここに、身体に色をつける成分である着色剤を加えると、口紅、油性ファンデーション、リキッドファンデーション、ルースタイプファンデーションといったメイク製品の基礎もイメージすることができます。

 **Essential Point!**

　多くの化粧品の基礎が「水性成分」「油性成分」「界面活性剤」「着色剤」の組み合わせでできていますが、これだけでは手作り化粧品のレベルです。

　市販されている化粧品は、工場で製造され、工場の倉庫に入り、出荷され、店の倉庫に入り、店頭に陳列され、消費者が購入して、使い始めて使い終わるまで、長い時間がかかります。その間、消費者が安心して使うことができるようにする必要があります。気に入って買った化粧品が使っている間に色が変わったり、香りが薄くなったり、腐ってはいけません。

　そこで、必要に応じて**必要な品質保持剤を必要量配合することで、流通に耐えうる「商品」となります。**

　このように化粧品の基本設計はある程度まとまっています。ここに**有効成分・美容成分と呼ばれる成分を加えることによって化粧品の特徴が決まったり、同じアイテムの他の化粧品との差別化が明確**になり、自分がいま欲しい化粧品はどれなのか、お客さまにおすすめすべき化粧品はどれなのかが決まってきます。

　同じ「クリーム」というアイテムでも、日焼け止めを求めているのであれば紫外線防止成分が配合されている化粧品、エイジングケアを求めているのであれば抗シワ成分、抗酸化成分などが配合されている化粧品、ニキビ対策を求めているのであれば抗ニキビ成分が配合されている化粧品……といった感じです。

　くわしくは、『化粧品成分検定公式テキスト』で学ぶことができます。

化粧品の成分表示名称の見かた

CHAPTER 1

「化粧品の成分名」にはいくつかの種類があります。

法律のような正確性が重要な場面では、専門家にとって成分を正確に特定することが容易な「化学名」が用いられることが多いです。一方で消費者にとっては、特に文字数の多い化学名は、かえって難しくなりがちです。そのため、**少ない文字数でどんな成分が配合されているのかが、大まかに伝わるように工夫された**、化粧品全成分リスト専用に作成されている「化粧品の成分表示名称」が使われます。

本書も含めて一般的に化粧品の成分名といったらこの化粧品の成分表示名称のことを指しますが、文意や文脈によって、まれに化学名や慣用名を使って説明される場合もあるので注意が必要です。

さて、化粧品の成分名には、多くのカタカナやアルファベット、数字が登場します。ただ眺めているだけだと呪文のようで頭に入らないかもしれません。化学や生物学に関する知識があれば比較的すんなり頭に入るのですが、なかなかそうもいかないので、化粧品の成分名について少しでも理解しやすくなるような基礎知識を学びましょう。

═ 原料別 化粧品の成分表示名称の見かた ═

動植物から抽出して得られる成分

●部位を特定せず全草から抽出する場合：[植物の名前]＋[エキスまたは油]と表示します。

植物の名前 エキスまたは油

カミツレ　エキス

同じ表示の成分　ブロッコリーエキス　セイヨウノコギリソウ油

● 特定の部位から抽出する場合：［動植物の名前］＋［抽出する部位］＋［エキスまたは油］と表示します。

動植物の名前　抽出する部位　エキスまたは油
アルニカ　花　エキス

同じ表示の成分　セージ葉エキス　オリーブ果実油　ヒマワリ種子油

● 複数の部位からまとめて抽出する場合：［動植物の名前］＋［抽出する部位を／（スラッシュ）で区切って並べて］＋［エキスまたは油］と表示します。

動植物の名前　抽出する部位　エキスまたは油
レモングラス　葉／茎　エキス

同じ表示の成分　ヘチマ果実／葉／茎エキス　イタリアイトスギ葉／実／茎油

● 複数の動植物からまとめて抽出する場合：［動植物の名前＋抽出する部位を／（スラッシュ）で区切って並べたものを（カッコ）で括って］＋［エキスまたは油］と表示します。

動植物の名前＋抽出する部位　動植物の名前＋抽出する部位　エキスまたは油
ローズマリー葉／セージ葉）　エキス

同じ表示の成分　（セイヨウノコギリソウ花／カミツレ花／ウイキョウ果実／ホップ花／メリッサ葉／セイヨウヤドリギ果実）エキス

● 複数の動植物の同じ部位から抽出する場合：[動植物の名前を／（スラッシュ）で区切って並べたものを（カッコ）で括って] + [抽出する部位] + [エキスまたは油]

動植物の名前

（アルニカ／トウキンセンカ／カミツレ）

抽出する部位　エキスまたは油

花　エキス

同じ表示の成分　（クマイザサ／チマキザサ／オオバザサ／ササセルア／ササセプテントリオナリス）葉／茎エキス

※同じ表示法の成分ですが、抽出する植物が交配種の場合は、交配した植物の名前を／（スラッシュ）で区切って並べたものを（カッコ）で括り表示します。

シトルス（ウンシウ／アウランチウム）果皮油
　交配種であるウンシュウミカン（Citrus unshiuとCitrus aurantium）の果皮から得られる精油。

ビチス（コイグネチエ／ビニフェラ）種子油
　ヤマブドウ（Vitis coignetiae）とヨーロッパブドウ（Vitis vinifera）の交配種の種子から得られる脂肪油。

時代とともに変わる 化粧品成分の命名ルール

Column

かつては植物から抽出するエキスは、どこの部位から抽出するかだいたい決まっていたので、命名の際に［抽出する部位］を付けるルールはありませんでした。

たとえば2001年に化粧品の全成分表示が始まった当時、カミツレのエキスといえば、花および葉から抽出するものと決まっていたので、部位の名前をわざわざ付けず「カミツレエキス」と呼ばれていました。

ところが同じ植物でも抽出部位が異なるさまざまなエキスが開発されるようになり、植物の名前だけでは区別できなくなってきたため、2005年ごろからは徐々に抽出部位も名前に含めるようになりました。

カミツレエキスはカミツレ花／葉エキスという名前に改正され、その後カミツレ花／葉／茎エキス、カミツレ花エキス、カミツレ葉エキスといった、同じカミツレでも抽出部位が異なるエキスがいくつも登場しています。

時代とともに命名ルールは徐々に変わっていますが、そのたびに容器や包装箱を廃棄して、新しい成分表示名称で印刷された容器や包装箱に作り直していては、金銭的負担が大きいだけでなく資源の無駄にもなります。

すでに販売中の商品に印刷されている成分表示名称については、リニューアルや包装箱のデザインを変える時など、何かついでの理由があったときにいっしょに変えるというルールになっています。そのため包装箱のデザインや法定表示に変更がない（成分表示名称を書き換えるきっかけがない）まま販売が続く一部の商品では、古い成分表示名称が使われたままのものもあります。

その場合「カミツレエキス」は花と葉のエキスのことかもしれませんし、全草のエキスのことかもしれません。

抽出に使った部位まで気にしてもあまり意味はありませんが、どうしてもどちらなのか知りたい場合には製造販売元に問い合わせするしかないでしょう。古いことなので調べるのに時間がかかるかもしれませんし、もしかしたら昔のことを覚えている人がいなくて、わからないかもしれません。

発酵物によって作られる成分

食品の世界では、動植物を細菌類で発酵させて作る発酵食品が有名です。たとえば納豆は蒸し大豆を納豆菌で発酵させたものですし、ヨーグルトは乳に乳酸菌酵母を混ぜて発酵させたものです。化粧品でも動植物を細菌で発酵させて作られる成分を使うことがあります。

発酵によって製造される成分には、**発酵してできたそのものを成分とする「発酵物」**、発酵物をろ過して液体だけを取り出した「発酵液」、発酵物から抽出液を使って一部の成分を抽出した「発酵エキス」、発酵エキスをろ過した「発酵エキス液」の4種類が有名です。

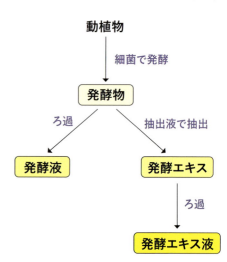

- 発酵に使う菌が1種類、発酵させるものも1種類の場合：[発酵に使う細菌]＋[／（スラッシュ）]＋[発酵させるもの]＋[発酵物または発酵液または発酵エキスまたは発酵エキス液]と表示します。

同じ表示の成分
サッカロミセス／チャ葉発酵液
アスペルギルス／チャ葉発酵エキス
乳酸桿菌（にゅうさんかんきん）／オリーブ葉発酵エキス
アスペルギルス／ダイズ種子エキス発酵エキス液

化粧品の発酵成分でよく使われる菌

サッカロミセス：一般的に酵母と呼ばれる菌類。食品ではビール酵母が有名。

乳酸桿菌：乳酸菌の中でも棒状の形をした乳酸菌が乳酸桿菌。ラクトバチルスとも呼ばれる。食品ではブルガリア菌、ガセリ菌が有名。

アスペルギルス：正確には菌ではなくカビです。食品では清酒や味噌の製造で使うコウジカビが有名。

● 複数のものを発酵させる場合：［発酵に使う細菌］＋［／（スラッシュ）］＋［発酵させるものを／（スラッシュ）で区切り（カッコ）で括る］＋［発酵物または発酵液または発酵エキスまたは発酵エキス液］と表示します。

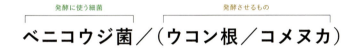

ベニコウジ菌／（ウコン根／コメヌカ）発酵エキス液

● 複数の菌で発酵する場合：［発酵に使う細菌を／（スラッシュ）で区切り（カッコ）で括る］＋［／（スラッシュ）］＋［発酵させるもの］＋［発酵物または発酵液または発酵エキスまたは発酵エキス液］と表示します。

（アスペルギルス／乳酸桿菌）／チャ葉 発酵エキス液

●複数の菌で複数のものを発酵させる場合：［発酵に使う細菌を／（スラッシュ）で区切り（カッコ）で括る］＋［／（スラッシュ）］＋［発酵させるものを／（スラッシュ）で区切り（カッコ）で括る］＋［発酵物または発酵液または発酵エキスまたは発酵エキス液］と表示します。

発酵に使う細菌
（アスペルギルス／サッカロミセス）／

発酵させるもの
（リンゴ果実／メロン果実／バナナ果実／ブドウ／スクロース）

発酵物または発酵液または
発酵エキスまたは発酵エキス液
発酵液

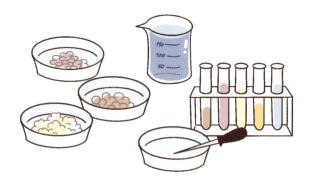

複雑な植物エキスと複雑な発酵成分が組み合わさった難読成分名の例

(アスペルギルス／ビフィドバクテリウム／乳酸桿菌／サッカロミセス／ストレプトコッカス)／((アカメガシワ／ウンカリアトメントサ)樹皮／(メグスリノキ枝／幹)／(ニンニク／タマネギ)根／(カミツレ／ベニバナ)花／(アンドログラフィスパニクラタ／ツルナ)花／葉／茎)／(マタタビ／パイナップル／リンゴ／アンズ／トウガラシ／カリン／ウンシュウミカン／アンマロク／イチジク／キンカン／ブドウ／グレープフルーツ／レモン／クコ／メロン／モモルジカグロスベノリ／ウメ／ナツメ)果実／(ヒメマツタケ／レイシ／シイタケ)子実体／(キダチアロエ／アスパラサスリネアリス／キャベツ／カキ／ビワ／トチュウ／イチジク／イチョウ／ドクダミ／クコ／マグワ／パセリ／モモ／エゴマ／クマザサ)葉／(アカマツ葉／種子)／(スイカズラ葉／茎)／タマネギ皮／ウコン根茎／(ゴボウ／ニンジン／セイヨウタンポポ／エゾウコギ／エウリコマロンギホリア／レピジウムメイエニ／ウラルカンゾウ／オタネニンジン／サンシチニンジン／キキョウ／サラシアレチクラタ)根／((オタネニンジン／ショウガ／アマドコロ)根／茎)／(エビスグサ／ジュズダマ)種子／(ツユクサ／タイワンツナソ)芽／ニワトコ茎／マフノリ／マコンブ／ヨモギ／エビスグサ／スギナ／カキドオシ／アマチャヅル／オトギリソウ／ヒキオコシ／ナンテン／オオバコ／リョクトウ)エキス発酵液

　もうここまでくると何が何だかさっぱりわかりませんね。一般的に菌で何かを発酵させると、糖類（糖、オリゴ糖、多糖）、アミノ酸類（アミノ酸、ペプチド）といったものが生成されます。あまりに複雑でよくわからない発酵由来成分を見たら「**とどのつまりいろんな種類の糖類やアミノ酸類の混合物だろう**」くらいの認識でも、ほとんど間違いではありません。

化学物質の化粧品成分表示の見かた

元素記号や略号を含む場合

成分名の中に元素の名前が含まれるとき、**元素の名前が長いものは元素記号で書いて短くします。**

Na …………ナトリウム

K …………カリウム

Mg …………マグネシウム

Al …………アルミニウム

Li …………リチウム

例 ヒアルロン酸Na、水酸化K、ケイ酸（Al／Mg）、ケイ酸（Li／Mg／Na）

鉄、窒素、亜鉛、金、ケイ素、銀、リン、チタンなど**元素名のままでも十分短いものは元素名のまま使います。**

よく使われる**化学物質名で長いものは略号が用意されています。**

EDTA …………エデト酸（Edetic acid）

TEA …………トリエタノールアミン（Triethanolamine）

DEA …………ジエタノールアミン（Diethanolamine）

PEG …………ポリエチレングリコール（Polyethylene glycol）

PPG …………ポリプロピレングリコール（Polypropylene glycol）

数を表す接頭辞

成分名の中には数を表す言葉がいくつか登場します。

モノ（1）、ジ（2）、トリ（3）、テトラ（4）、ペンタ（5）、ヘキサ（6）、デカ（10）

例 ジグリセリン、トリエチルヘキサノイン、テトラエチルヘキサン酸ペンタエリスリチル

長さや形状など構造によって変化する名称
モノマー、オリゴマー、ポリマー、コポリマー、クロスポリマー

　ある化合物が何個も規則的に連結して長いヒモ状の分子になっている場合、**元になっている単位化合物を「モノマー（単量体）」、モノマーがちょっと長く連結したものを「オリゴマー」、さらに長く長く連結したものを「ポリマー（重合体）」**と呼びます。なお、何回繰り返すまではオリゴマーで、何回以上繰り返すとポリマーといった、明確な境目となる回数の決まりはありません。

　身近な例では、「糖」をモノマーとしてちょっと長く連結したものを「オリゴ糖」、さらに長く長く連結したものを「デンプン」や「多糖類」と呼んだり、「アミノ酸」をモノマーとしてちょっと長く連結したものを「ペプチド」、さらに長く長く連結したものを「タンパク質」と呼んでいることがあります。

モノマー	オリゴマー	ポリマー
糖	オリゴ糖	デンプン、多糖類
アミノ酸	ペプチド	タンパク質

　化粧品の成分表示名称では、**1種類のモノマーが連結してできているポリマーは「ポリ……」という名称で、2種類以上のモノマーが規則的に連結してできているポリマーは「……コポリマー」という名称がつけられることが多い**です。ただし、複数のモノマーで構成されていても「ポリ……」で始まる成分名のものもあるので注意してください。P.49ポリシリコーンの項を参照。

モノマーの種類数とポリマーの呼び分け

モノマー	名前	
1種類	ポリマー	ポリ……
2種類以上		……コポリマー

ポリマー（単独重合体）の例

ポリエチレン	エチレンが連結してできているポリマー
PEG	ポリエチレングリコールの頭文字。エチレングリコールが連結してできているポリマー
PVP	ポリビニルピロリドンの頭文字。ビニルピロリドンが連結してできているポリマー
ポリメタクリル酸メチル	メタクリル酸メチルが連結してできているポリマー
ポリアクリル酸Na	アクリル酸Naが連結してできているポリマー
ポリビニルアルコール	ビニルアルコールが連結してできているポリマー
ポリイソブテン	イソブテンが連結してできているポリマー

注）ポリで始まるが単独重合体ではない例は、P.49ポリシリコーンの項を参照。

コポリマー（共重合体）の例

（エチレン／プロピレン）コポリマー	エチレンとプロピレンの2種類でできたポリマー
（ジメチコン／メチコン）コポリマー	ジメチコンとメチコンの2種類でできたポリマー
（アクリル酸ヒドロキシエチル／アクリロイルジメチルタウリンNa）コポリマー	アクリル酸ヒドロキシエチルとアクリロイルジメチルタウリンNaの2種類でできたポリマー
（アジピン酸／ネオペンチルグリコール／無水トリメリト酸）コポリマー	アジピン酸、ネオペンチルグリコール、無水トリメリト酸の3種類でできたポリマー
（無水フタル酸／無水トリメリト酸／グリコールズ）コポリマー	無水フタル酸、無水トリメリト酸、グリコールズの3種類でできたポリマー

　ポリマーといえば一般的にはモノマーが一直線につながっている形状（鎖状ポリマー）を指しますが、**網目状に作られたポリマーもあります。このような形状のポリマーは化粧品の成分表示名称では「……クロスポリマー」という名称がつけられることが多いです。**ただし、網目状に作られていても「ポリ……」で始まる成分名のものもあるので注意してください。

クロスポリマー（架橋型共重合体または網状型共重合体）の例

（ジメチコン／ビニルジメチコン）クロスポリマー	ジメチコン（鎖状ポリマー）をビニルジメチコンでつないで網目状にしたポリマー
メタクリル酸メチルクロスポリマー	ポリメタクリル酸メチル（鎖状ポリマー）をジメタクリル酸エチレングリコールでつないだポリマー
（ビニルジメチコン／メチコンシルセスキオキサン）クロスポリマー	メチコンシルセスキオキサン（鎖状ポリマー）をビニルジメチコンでつないだポリマー

　上記のように鎖状部分の名称と網目につなぐ部分の名称を／（スラッシュ）で区切って（カッコ）で括った後に、クロスポリマーと命名することが多いですが、必ずしもそうとは限りません。（アクリレーツ／アクリル酸アルキル[C10-30]）クロスポリマー、ジメチコンクロスポリマーなど、名前だけでは構造がはっきりとはわからない名称もあります。クロスポリマーという名前が付いた成分は、網目状の形状をした成分であるという理解でよいと思います。

化粧品でよく見かける代表的なポリマー
PEG、PPG、ポリグリセリン

　化粧品の成分表示名称の中で非常に多く登場するのが「PEG」です。ポリエチレングリコール（Polyethylene glycol）の頭文字をとってPEGです。「ペグ」と発音します。

　「ポリ」は前項で説明した通り、ある構造が何度も繰り返して長いヒモ状になっている化合物（ポリマー）に付けられる接頭辞で、ポリエチレングリコールは、その名前からエチレングリコールが何度も繰り返して長いヒモ状になっているものだということがわかります。

　PEGはどれくらい長いヒモ状になっているか、つまりエチレングリコールが何回繰り返しているのか（＝重合度）の違いによって、さまざま異なる性質が現れます。そこで**化粧品の成分表示名称ではPEGの後ろに、平均的な繰り返し回数を付けて命名**しています。

例 PEG-6、PEG-8、PEG-32、PEG-100、PEG-45M、PEG-90M

　このようなさまざまな長さのPEGをそのまま使うことも多いですし、PEGと何かを結合させて合成した成分も多く使われています。

ステアリン酸PEG-100	ステアリン酸とPEG-100を結合した成分
PEG-10ジメチコン	PEG-10とジメチコンを結合した成分

　エチレングリコールを使わず、エチレンオキサイド（ethylene oxide）を多数連結させて製造しても、PEGと同じ構造になります。そのためPOE（ポリオキシエチレン）という呼び方もあります。実際、化粧品の表示名称ではPEGの呼称が使われますが、医薬部外品の成分名ではポリオキシエチレンまたはPOEと呼ばれることの方が多いです。たとえば前述のPEG-10ジメチコンは、医薬部外品ではポリオキシエチレン・メチルポリシロキサン共重合体またはPOE・ジメチコン共重合体という成分名が使われています。

　PEGの他にも、**プロピレングリコールが繰り返して長いヒモ状になっているPPG（ポリプロピレングリコール）、グリセリンが繰り返して長いヒモ状になっているポリグリセリンも化粧品ではよく見かける成分**です。なお、グリセリンの場合、2個つながったものだけは、2を表す数の接頭辞を使ったジグリセリンという名前が付いていて、3個以上つながったものにポリグリセリン-3、ポリグリセリン-6、ポリグリセリン-10などの名前が付いています。

ポリマーの長さと物性、用途のおおまかなイメージ

ポリマーの長さ	物性	用途
短 ↕ 長	液状	感触改良剤
	ペースト状	感触改良剤、増粘剤
	固形、粉末	増粘剤、皮膜形成剤、スクラブ剤

アミノ酸、ペプチド、タンパク質の違い

　ひとつの分子の中にカルボキシ基（-COOH）とアミノ基（-NH$_2$）という2つの官能基*が存在している化合物を**アミノ酸**といいます。

*多数の原子が結合してできている分子には、さまざまな特性や機能を特徴づける「部品」のような原子の集まりが含まれていることがあります。こういった原子の集まりを「官能基」といいます。化粧品成分の学習ではカルボキシ基、水酸基、アミノ基といった官能基がよく登場します。

　アミノ酸が数個から数十個結合したものを「**ペプチド**」、もっと多く結合したものを「**タンパク質**」と呼びます。

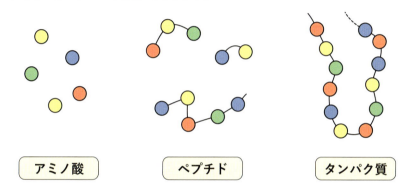

　なお、アミノ酸自体は数百種類ありますが、人体のタンパク質を構成することができるアミノ酸は20種類しかありません。この20種類のアミノ酸だけを「アミノ酸」と呼ぶこともあるので注意してください。

　また、タウリンは正確にはスルホン酸系化合物であり、アミノ酸ではありません（分子中にカルボキシ基がないし、タンパク質も構成しない）。しかし、分子構造がアミノ酸とかなり似ており、生体に重要な栄養素のひとつでもあることから、栄養学ではアミノ酸に分類されることもあります。化粧品分野でも特に消費者向けの説明では「スルホン酸系化合物」というより「アミノ酸」といったほうがイメージが良いことから、アミノ酸として分類されることが多いです。

　本書では、イメージよりも成分の本質をより正確に理解できるように、タウリンはアミノ酸とせずスルホン酸系化合物として扱います。

さて、化粧品ではアルギニン、グリシン、セリン、プロリン、アラニン、トレオニン、グルタミン酸、バリン、イソロイシン、フェニルアラニン、ヒスチジン、アスパラギン酸、リシンといったアミノ酸がよく使われています。特にアルギニンは最も多くの化粧品で使われているアミノ酸です。

アルギニンはアミノ酸の中ではめずらしい強いアルカリ性を示す成分なので、カルボマーや高級脂肪酸などを中和するアルカリ剤の用途でよく使われています。アルカリ剤としては化学的挙動が安定している水酸化Naや水酸化Kを用いるのが一般的ですが、成分名のイメージを重視する場合などではアルギニンが使われます。

アミノ酸が複数個結合したペプチドは、数を表す接頭辞を使って**アミノ酸が2個結合したジペプチド、アミノ酸が3個結合したトリペプチド、4個結合したテトラペプチド、5個結合したペンタペプチド**……などが化粧品の成分名として用いられています。

注）「酸」「酸性」の対義語は「塩基」「塩基性」ですが、水溶液の性質に限っては「酸性・中性・アルカリ性」のように塩基性よりもアルカリ性という用語がよく使われます。本書では基本的に水溶液の性質だけを扱うので、塩基とアルカリの複数の用語の正確な使い分けはせず「アルカリ」「アルカリ性」の用語で説明します。

高級アルコール＋PEG

親油性の高級アルコールと親水性のPEGを結合させた界面活性剤も化粧品では多くあります。元になった高級アルコールの名前の末尾を「-レス」にしてその後ろにPEGの重合度を表す数字を付けた名前を使うことがほとんどです。

例 ラウレス-7、セテス-20、ステアレス-20、イソステアレス-15

ただし、ラウレス硫酸NaのようにPEGの重合度を名前に含めていない成分名もごく少数ですがあります（ラウレス硫酸NaのPEGは重合度1〜4と幅がある定義になっています）。

化学名のようで実は無関係の名称
ポリシリコーン

　化学物質の成分には化学名が付けられることも多いのですが、そのように見えて、実は全然関係ないものもあります。

　ケイ素原子（Si）と酸素原子（O）が1列に繰り返される構造を「シリコーン」と呼びます。このシリコーンを中心に周囲にさまざまな官能基を取り付けた化粧品成分が数多く開発されています。

　ちなみに、PEGと違って繰り返しの回数（長いか短いか）は名前に登場しません。-Si-O-Si-O-の繰り返しが短いジメチコンは水のようにシャバシャバですが、長くなると徐々にドロっとした状態になります。見た目はずいぶんと異なりますが、ジメチコンは長くても短くても化粧品成分では「ジメチコン」の名前です。

　成分が登場した当初は、ジメチコン、フェニルジメチコン、メチルフェニルジメチコンなど、化学名をそのまま化粧品の成分名として使っていたのですが、技術の進展と共に非常に複雑な構造をしたシリコーンが開発されるようになると、その名前もどんどん複雑になってきました。

　化学名をそのまま化粧品の成分名として使うと、化学に詳しい人は名前を見ればどんな構造をした成分なのかわかりますが、ほとんどの人には名前を見てもまったくどんな成分なのかわからなくなってきました。

　そこで最近は複雑な構造をしたシリコーンはまとめて「ポリシリコーン」（「ポリ」は化学で繰り返し構造が長く続くものに付けられる接頭辞）と名付け、業界団体に名前を付けてほしいと依頼があった順番に、1から数字を割り当てるようになりました。

例 ポリシリコーン-1、ポリシリコーン-2、ポリシリコーン-3

　このように、**ポリシリコーンの後ろに付く数字は命名した順番で、それ以外の意味はありません。PEGのように繰り返しの長さを示しているわけで**

はありませんので注意が必要です。

　化学名では複雑すぎて結局どんな成分なのかわからなくなるため、ポリシリコーンのように代表名を作ってその後ろに命名順に番号を振っている成分は他にもあります。

数字がモノマーの重合度（結合個数）を意味している成分の例

PEG-xx	エチレングリコールの重合度
PPG-xx	プロピレングリコールの重合度
ラウレス-xx	ラウリルアルコールに結合しているPEGの重合度
ステアレス-xx	ステアリルアルコールに結合しているPEGの重合度
ポリグリセリン-xx、ポリグリセリル-xx	グリセリンの重合度

xxは数字

数字が命名した順番を意味している成分の例

ポリシリコーン-xx	
ポリクオタニウム-xx	
ポリウレタン-xx	
ポリアクリレート-xx	
合成ヒト遺伝子組換ポリペプチド-xx	
オリゴペプチド-xx	
アセチルヘキサペプチド-xx	ヘキサ＝6であり、6個のアミノ酸が融合してできたペプチドであることがわかるが、6個のアミノ酸の組み合わせはさまざまなパターンがあるため、異なる組み合わせに対して命名順に番号を付けて区別している。

xxは数字

Chapter 2

化粧品の
成分に関するルール

知ることで
化粧品選びの
幅が広がる

2001年に化粧品への規制緩和が行われたことで、

配合成分の選択は化粧品メーカーに委ねられていますが、

安全で穏やかな作用でならないのが、

化粧品の成分の絶対的な条件です。

そのために、いくつかの規制が設けられ、

表示の名称や順番にも大まかなルールがあります。

このルールを知ることで、化粧品にどんな成分が

どのくらい配合されているかがわかり、

自分の肌や好みに合った

化粧品選びができるようになります。

化粧品の成分は化粧品メーカーの責任のもとに決定される

　2001年4月に化粧品の規制緩和が行われ、**何を化粧品の成分として使うかは化粧品製造販売業者（いわゆる化粧品メーカー）が、安全性を十分に確認したものであれば自らの責任で選択することができる**ことになりました。

　たとえばある化粧品メーカーがペンペン草の根のエキスを化粧品成分として使いたい場合、その化粧品メーカーが十分に安全性を確認し責任を持つのであれば許可や届出は必要なく、化粧品の成分とすることができます。

💡 Essential Point !

　現在の法律では化粧品の成分は国や特定の組織が許可をしたり管理したりするものではありません。

　各化粧品メーカーが国など第三者の許可や届出などなしに、自らの責任で何を化粧品成分として使うかを決めることができるということは「**化粧品の成分の全体像を誰も把握しきれていない**」「**化粧品の成分が何個あるのか誰にもわからない**」ということです。

化粧品成分の規制を記載する「化粧品基準」

　化粧品の成分として何を使うかは各化粧品メーカーが自社の責任で自由に選択することができますが、自由とはいえある程度の規制は残っています。

規制のほとんどは厚生労働省が定める「化粧品基準」（平成12 [2000] 年9月29日厚生省告示第331号）に記載され、おおむね以下の通りです。

- ・医薬品の成分は配合禁止（例外あり）。
- ・生物由来原料基準に適合しない原料、化審法の第一種特定化学物質／第二種特定化学物質、化粧品基準別表第1の成分は配合禁止。
- ・化粧品基準別表第2に収載の成分は記載されている配合上限を守る。
- ・化粧品に使用する防腐剤は、化粧品基準別表第3に収載の成分のみ。
- ・化粧品に使用する紫外線吸収剤は、化粧品基準別表第4に収載の成分のみ。
- ・化粧品に使用する有機合成色素は「医薬品等に使用することができるタール色素を定める省令」（昭和41 [1966] 年8月31日厚生省令第30号）の成分のみ（赤色219号及び黄色204号については毛髪及び爪のみ）。
- ・グリセリンに含まれるジエチレングリコールは0.1%以下であること。

　化粧品基準別表第1および第2は禁止あるいは制限成分の一覧で一般に**ネガティブリスト**と呼ばれ、別表第3、第4およびタール色素は許可成分の一覧で**ポジティブリスト**と呼ばれています。ほかにもいくつかの規制があります。

　欧米も日本同様にネガティブリストとポジティブリストの併用による規制になっていますが、国によって具体的な規制内容は異なっているため、輸出入の際には使用している成分やその配合量が、その国の規制に準じているかどうかの確認が必要になります。日本の規制に合致していなければ化粧品を輸入することはできないので、大手外資化粧品メーカーは成分を一部変更した上で、日本向け専用として販売することもあります。

　個人が自分自身で使用するために化粧品を輸入する際には一般的に医薬品医療機器等法は適用されない（例外あり）ので、日本の規制に合致しない成分を含んだ化粧品を輸入しても法律違反に問われることはまずありませんが、おすすめはできません。

=== 化粧品基準別表第1（ネガティブリスト）===

化粧品基準別表第1（化粧品への配合禁止成分）には、有害性の強い成分、少量でも高い効果のある医薬品成分など、**「安全で穏やかな作用でなければならない、化粧品の成分としては不適切であることが明白な成分」**が収載されています。

1. 6-アセトキシ-2,4-ジメチル-m-ジオキサン
2. アミノエーテル型の抗ヒスタミン剤(ジフェンヒドラミン等)以外の抗ヒスタミン
3. エストラジオール、エストロン又はエチニルエストラジオール以外のホルモン及びその誘導体
4. 塩化ビニルモノマー
5. 塩化メチレン
6. オキシ塩化ビスマス以外のビスマス化合物
7. 過酸化水素
8. カドミウム化合物
9. 過ホウ酸ナトリウム
10. クロロホルム
11. 酢酸プログレノロン
12. ジクロロフェン
13. 水銀及びその化合物
14. ストロンチウム化合物
15. スルファミド及びその誘導体
16. セレン化合物
17. ニトロフラン系化合物
18. ハイドロキノンモノベンジルエーテル
19. ハロゲン化サリチルアニリド
20. ビタミンL1及びL2
21. ビチオノール
22. ピロカルピン
23. ピロガロール
24. フッ素化合物のうち無機化合物
25. プレグナンジオール
26. プロカイン等の局所麻酔剤
27. ヘキサクロロフェン
28. ホウ酸
29. ホルマリン
30. メチルアルコール

項目数は30ですが、「〜系化合物」や「誘導体」など複数の化合物をひとまとめにしているものがあり、必ずしも成分の数ではありません。

化粧品基準別表第2（ネガティブリスト）

　化粧品基準別表第2（化粧品への配合制限がある成分）には、配合量が多くなると化粧品の目的を超えた効果が出てしまう医薬品の成分や、肌トラブルになる可能性が高くなる成分など、配合量に注意が必要な成分が制限内容とともに挙げられ、制限の方法により以下3つの表に分かれています。

1. すべての化粧品に配合の制限がある成分

成分名	化粧品100g中の最大配合量（g）
アラントインクロルヒドロキシアルミニウム	1.0
カンタリスチンキ、ショウキョウチンキ又はトウガラシチンキ	合計量として1.0
サリチル酸フェニル	1.0
ポリオキシエチレンラウリルエーテル(8〜10E.O.)	2.0

2. 化粧品の種類または使用目的により配合の制限がある成分

アイテム	成分名	化粧品100g中の最大配合量（g）
エアゾール剤	ジルコニウム	配合不可
石けん、シャンプー等の直ちに洗い流す化粧品	チラム	0.50
石けん、シャンプー等の直ちに洗い流す化粧品以外の化粧品	ウンデシレン酸モノエタノールアミド	配合不可
	チラム	0.30
	パラフェノールスルホン酸亜鉛	2.0
	2-(2-ヒドロキシ-5-メチルフェニル)ベンゾトリアゾール	7.0
	ラウロイルサルコシンナトリウム	配合不可
頭部、粘膜部又は口腔内に使用される化粧品及びその他の部位に使用される化粧品で脂肪族低級一価アルコール類を含有する化粧品(当該化粧品に配合された成分の溶解のみを目的として当該アルコール類を含有するものを除く)	エストラジオール、エストロン又はエチニルエストラジオール	合計量として20,000国際単位

化粧品の成分に関するルール

アイテム	成分名	化粧品100g中の最大配合量（g）
頭部、粘膜部又は口腔内に使用される化粧品以外の化粧品で脂肪族低級一価アルコール類を含有しない化粧品（当該化粧品に配合された成分の溶解のみを目的として当該アルコール類を含有するものを含む。）	エストラジオール、エストロン又はエチニルエストラジオール	合計量として50,000国際単位
頭部のみに使用される化粧品	アミノエーテル型の抗ヒスタミン剤	0.010
頭部のみに使用される化粧品以外の化粧品	アミノエーテル型の抗ヒスタミン剤	配合不可
歯磨	ジエチレングリコール	配合不可
	ラウロイルサルコシンナトリウム	0.50
ミツロウ及びサラシミツロウを乳化させる目的で使用するもの	ホウ砂	0.76（ミツロウ及びサラシミツロウの1/2以下の配合量である場合に限る。）
ミツロウ及びサラシミツロウを乳化させる目的以外で使用するもの	ホウ砂	配合不可
頭髪のみに使用され、洗い流すヘアセット料	システアミン塩酸塩	8.63
頭髪のみに使用され、洗い流すヘアセット料以外の化粧品	システアミン塩酸塩	配合不可

3. 化粧品の種類により配合の制限のある成分

成分名	化粧品100g中の最大配合量(g)		
	粘膜に使用されることがない化粧品のうち洗い流すもの	粘膜に使用されることがない化粧品のうち洗い流さないもの	粘膜に使用されることがある化粧品
タイソウエキス*	上限なし	上限なし	5.0
チオクト酸	0.01	0.01	配合不可
ユビデカレノン	0.03	0.03	配合不可

*タイソウエキスとは、日本薬局方タイソウを30％（w/v）エタノール水溶液で抽出することにより得られるエキスのこと。

化粧品基準別表第3（ポジティブリスト）

化粧品で**配合が許可されている防腐剤とその配合量の上限を示した表**です。間違いやすいので注意が必要ですが、これは許可された防腐剤のリストです。この表にない成分を化粧品の防腐剤として使用することは禁止されています。

制限の方法によって「**すべての化粧品に配合の制限がある成分**」「**化粧品の種類により配合量の制限がある成分**」のふたつの表に分かれています。

1. すべての化粧品に配合の制限がある成分

成分名	化粧品100g中の最大配合量（g）
安息香酸	0.2
安息香酸塩類	合計量として1.0
塩酸アルキルジアミノエチルグリシン	0.20
感光素	合計量として0.0020
クロルクレゾール	0.50
クロロブタノール	0.10
サリチル酸	0.20
サリチル酸塩類	合計量として1.0
ソルビン酸及びその塩類	合計量として0.50
デヒドロ酢酸及びその塩類	合計量として0.50
トリクロロヒドロキシジフェニルエーテル(別名トリクロサン)	0.10
パラオキシ安息香酸エステル及びそのナトリウム塩	合計量として1.0
フェノキシエタノール	1.0
フェノール	0.10
ラウリルジアミノエチルグリシンナトリウム	0.030
レゾルシン	0.10

化粧品の成分に関するルール

2. 化粧品の種類により配合量の制限がある成分

成分名	化粧品100g中の最大配合量（g）		
	粘膜に使用されることがない化粧品のうち洗い流すもの	粘膜に使用されることがない化粧品のうち洗い流さないもの	粘膜に使用されることがある化粧品
亜鉛・アンモニア・銀複合置換型ゼオライト*	1.0	1.0	配合不可
安息香酸パントテニルエチルエーテル	上限なし	0.30	0.30
イソプロピルメチルフェノール	上限なし	0.10	0.10
塩化セチルピリジニウム	5.0	1.0	0.010
塩化ベンザルコニウム	上限なし	0.050	0.050
塩化ベンゼトニウム	0.50	0.20	配合不可
塩酸クロルヘキシジン	0.10	0.10	0.0010
オルトフェニルフェノール	上限なし	0.30	0.30
オルトフェニルフェノールナトリウム	0.15	0.15	配合不可
銀-銅ゼオライト**	0.5	0.5	配合不可
グルコン酸クロルヘキシジン	上限なし	0.050	0.050
クレゾール	0.010	0.010	配合不可
クロラミンT	0.30	0.10	配合不可
クロルキシレノール	0.30	0.20	0.20
クロルフェネシン	0.30	0.30	配合不可
クロルヘキシジン	0.10	0.050	0.050
1,3-ジメチロール-5,5-ジメチルヒダントイン	0.30	配合不可	配合不可
臭化アルキルイソキノリニウム	上限なし	0.050	0.050

*強熱した場合において、銀として0.2%～4.0%及び亜鉛として5.0%～15.0%を含有するものをいう。

**強熱した場合において、銀として2.7%～3.7%及び銅として4.9%～6.3%を含有するものをいう。

成分名	化粧品100g中の最大配合量（g）		
	粘膜に使用されることがない化粧品のうち洗い流すもの	粘膜に使用されることがない化粧品のうち洗い流さないもの	粘膜に使用されることがある化粧品
チモール	0.050	0.050	口腔に使用されるものに限り上限なし
トリクロロカルバニリド	上限なし	0.30	0.30
パラクロルフェノール	0.25	0.25	配合不可
ハロカルバン	上限なし	0.30	0.30
ヒノキチオール	上限なし	0.10	0.050
ピリチオン亜鉛	0.10	0.010	0.010
ピロクトンオラミン	0.05	0.05	配合不可
ブチルカルバミン酸ヨウ化プロピニル（エアゾール剤への配合不可）	0.02	0.02	0.02
ポリアミノプロピルビグアナイド	0.1	0.1	0.1
メチルイソチアゾリノン	0.01	0.01	配合不可
メチルクロロイソチアゾリノン・メチルイソチアゾリノン液	0.10	配合不可	配合不可
N,N''-メチレンビス[N'-（3-ヒドロキシメチル-2,5-ジオキソ-4-イミダゾリジニル）ウレア]	0.30	配合不可	配合不可
ヨウ化パラジメチルアミノスチリルヘプチルメチルチアゾリウム	0.0015	0.0015	配合不可

化粧品基準別表第4（ポジティブリスト）

化粧品で**配合が許可されている紫外線吸収剤**＊**とその配合量の上限を示した表**です。間違いやすいので注意が必要ですが、これは許可された紫外線吸収剤のリストです。この表にない成分を化粧品の紫外線吸収剤として使用することは禁止されています。

制限の方法によって「**すべての化粧品に配合の制限がある成分**」「**化粧品の種類により配合の制限がある成分**」のふたつの表に分かれています。

1. すべての化粧品に配合の制限がある成分

成分名	化粧品100g中の最大配合量（g）
サリチル酸ホモメンチル	10
2-シアノ-3,3-ジフェニルプロパ-2-エン酸2-エチルヘキシルエステル（別名オクトクリレン）	10
ジパラメトキシケイ皮酸モノ-2-エチルヘキサン酸グリセリル	10
トリスビフェニルトリアジン	10.0
パラアミノ安息香酸及びそのエステル	合計量として4.0
4-tert-ブチル-4'-メトキシジベンゾイルメタン	10

＊化粧品基準では、紫外線吸収剤を『紫外線による有害な影響から皮膚又は毛髪を保護することを目的として化粧品に配合されるもの』と定義しています。そのため法律上は品質保持目的（紫外線による化粧品の劣化を防止する）であれば、別表第4にない成分でもかまわないことになります。とはいえ、品質保持だからといってわざわざ別表第4に掲載されていない紫外線吸収剤を使う積極的な理由もないことから、ほぼすべての化粧品の紫外線吸収剤は配合目的にかかわらず、別表第4の成分が使われています。

2. 化粧品の種類により配合の制限がある成分

成分名	化粧品100g中の最大配合量（g）		
	粘膜に使用されることがない化粧品のうち洗い流すもの	粘膜に使用されることがない化粧品のうち洗い流さないもの	粘膜に使用されることがある化粧品
4-(2-β-グルコピラノシロキシ)プロポキシ-2-ヒドロキシベンゾフェノン	5.0	5.0	配合不可
サリチル酸オクチル	10	10	5.0
2,5-ジイソプロピルケイ皮酸メチル	10	10	配合不可
2-[4-(ジエチルアミノ)-2-ヒドロキシベンゾイル]安息香酸ヘキシルエステル	10.0	10.0	配合不可
シノキサート	上限なし	5.0	5.0
ジヒドロキシジメトキシベンゾフェノン	10	10	配合不可
ジヒドロキシジメトキシベンゾフェノンジスルホン酸ナトリウム	10	10	配合不可
ジヒドロキシベンゾフェノン	10	10	配合不可
ジメチコジエチルベンザルマロネート	10.0	10.0	10.0
1-(3,4-ジメトキシフェニル)-4,4-ジメチル-1,3-ペンタンジオン	7.0	7.0	配合不可
ジメトキシベンジリデンジオキソイミダゾリジンプロピオン酸2-エチルヘキシル	3.0	3.0	配合不可
テトラヒドロキシベンゾフェノン	10	10	0.050
テレフタリリデンジカンフルスルホン酸	10	10	配合不可
2,4,6-トリス[4-(2-エチルヘキシルオキシカルボニル)アニリノ]-1,3,5-トリアジン	5.0	5.0	配合不可
トリメトキシケイ皮酸メチルビス（トリメチルシロキシ）シリルイソペンチル	7.5	7.5	2.5
ドロメトリゾールトリシロキサン	15.0	15.0	配合不可

成分名	化粧品100g中の最大配合量（g）		
	粘膜に使用されることがない化粧品のうち洗い流すもの	粘膜に使用されることがない化粧品のうち洗い流さないもの	粘膜に使用されることがある化粧品
パラジメチルアミノ安息香酸アミル	10	10	配合不可
パラジメチルアミノ安息香酸2-エチルヘキシル	10	10	7.0
パラメトキシケイ皮酸イソプロピル・ジイソプロピルケイ皮酸エステル混合物*	10	10	配合不可
パラメトキシケイ皮酸2-エチルヘキシル	20	20	8.0
2,4-ビス-[{4-(2-エチルヘキシルオキシ)-2-ヒドロキシ}-フェニル]-6-(4-メトキシフェニル)-1,3,5-トリアジン	3.0	3.0	配合不可
2-ヒドロキシ-4-メトキシベンゾフェノン	上限なし	5.0	5.0
ヒドロキシメトキシベンゾフェノンスルホン酸及びその三水塩	10**	10**	0.10**
ヒドロキシメトキシベンゾフェノンスルホン酸ナトリウム	10	10	1.0
フェニルベンズイミダゾールスルホン酸	3.0	3.0	配合不可
フェルラ酸	10	10	配合不可
2,2'-メチレンビス(6-(2Hベンゾトリアゾール-2-イル)-4-(1,1,3,3-テトラメチルブチル)フェノール	10.0	10.0	配合不可

*パラメトキシケイ皮酸イソプロピル72.0 ～ 79.0%、2,4-ジイソプロピルケイ皮酸エチル15.0 ～ 21.0%及び2,4-ジイソプロピル皮酸メチル3.0 ～ 9.0%含有するものをいう。
**ヒドロキシメトキシベンゾフェノンスルホン酸としての合計量とする。

Column 同じ？ 違う？ 配合上限の「有効桁」の見かた

　配合上限の欄には「10」と「10.0」や「0.2」と「0.20」のような同じようでいて異なる書き方になっている数値があります。何が違うと思いますか？「10」は、四捨五入すると10になるという意味で、9.5以上10.5未満の数が該当します。一方で「10.0」は四捨五入すると10.0になるという意味なので、9.95以上10.05未満の数が該当します。10と10.0では許容される誤差の範囲が大きく異なります。

化粧品の成分に関するルール

法定色素についての規制と業界団体の自主基準

　自動車や建材の塗装ペンキ、プラスチック材料の着色、筆記具、プリンターインクなど、用途別色別に無数ともいえるほどの有機合成色素があるなかで、**化粧品に使用が認められている有機合成色素は「医薬品等に使用することができるタール色素を定める省令」（昭和41［1966］年8月31日厚生省令第30号）によって83種類が定められています。この83種類の有機合成色素は、法律で定められた色素という意味で「法定色素」とも呼ばれます。**

　この法律は1966年に制定されて以降、何度か改正されていますが内容に大きな変化はありません。

　一方で化粧品業界では、日本化粧品工業会（粧工会）に加盟の化粧品メーカーが、その時々の各社の研究成果や調査結果を持ち寄り安全性などの検討を行い、より厳しい基準を作成。加盟企業の自主基準として運用しています。

日本化粧品工業会（粧工会）自主基準

1970年4月30日	緑205、赤214、赤229、赤502、赤503、赤505、赤506、橙202(1)、橙202(2)、橙402、黄202(2)、黄403(2)、黄404、黄405、黄407、緑402の使用自粛。 黄404は頭髪用油のみに使用を限定。
1980年10月30日	赤205、赤206、赤207、赤208、赤220について不純物の上限値を設定。
1988年11月29日	赤201、赤202、赤203、赤204、赤219、赤221、赤225、赤228、赤405、橙205、黄5などの不純物の上限値を設定。
2017年9月1日	赤501、橙204、橙403の使用自粛。
2019年8月26日	赤205、赤206、赤207、赤208、赤404の使用自粛。
2024年3月19日	赤219、赤220、赤225、赤227、赤401、赤504、褐201、黄205、黒401について不純物の上限値を設定。

　これらタール色素に関する日本化粧品工業会（粧工会）自主基準は、長らく加盟企業の間で運用されてきましたが、2024年3月19日に日本化粧品工業会（粧工会）は、それまで作成してきた自主基準を「タール色素に関わる自主基準リスト」としてひとつにまとめて一般公開しました。現在では、加盟していない企業もこの基準に従うことが望ましいとされています。

メーカーの自己責任と自己管理で決まる化粧品の成分表示名称

2001年の化粧品成分の規制緩和によって、何を化粧品の成分として使うかは各化粧品メーカーが自己の責任において自由に決めることができるようになったということは、別の言い方をすると「どれが化粧品の成分なのか決まっていない」「化粧品の成分が何個あるのか誰にもわからない」ということです。

それまで国の責任と管理のもとで決まっていた化粧品成分が、化粧品メーカーの自己責任と自己管理に変わったため、当然のことともいえます。

2001年4月より前、化粧品の規制緩和前の時代は、化粧品成分を定義する「化粧品原料基準（粧原基）」や「化粧品種別配合成分規格（粧配規）」といった公定規格が存在していました。

●オリーブの果実から得た油であれば「オリーブ果実油」です

たとえば「オリブ油」については『オリーブの果実を圧搾して得た脂肪油で、酸価が1以下、けん化価が186 〜 194、ヨウ素価が79 〜 88、不けん化物が1.5%以下、……云々の成分を「オリブ油」とする』（粧原基）のような細かな規格が国によって定められていました。そのため、たとえオリーブの果実から得た油であっても、抽出法で得た油はオリブ油ではなかったし、オリーブの果実から圧搾して得た油であっても、不けん化物を1.6%含んでいる油はオリブ油ではありませんでした。どちらも国が定めた化粧品成分「オリブ油」の規格から外れるからです。

化粧品成分の規制緩和とは「国は化粧品成分の管理をしない」ということなので、粧原基や粧配規のような国が化粧品成分を管理するために作成していた公定規格は不要となり、2001年3月31日付で廃止となっています。現在は何を化粧品の成分として使うかは化粧品メーカーの自己責任において自由に決めることができるので、酸価1.2以下をオリーブ果実油とするも、酸価0.9以下をオリーブ果実油とするも、不けん化物1.7%以下をオリーブ果実油とす

るも、抽出法で得た油をオリーブ果実油とするも、すべて化粧品メーカーごとの自己責任において決めることができます。さすがにアボカドの実から得た油をオリーブ果実油とするのは優良誤認や偽装など別の問題が生じるのでNGですが、オリーブの果実から得た油であれば、それ以外の細かい決め事（規格）は、それぞれの化粧品メーカーが法律の範囲内で自己責任のもと自ら考えて決めています。

そのため同じ成分でも**化粧品メーカーによって品質に大きな差がある場合もあります**。これは消費者には調べようがないことなので化粧品メーカーを信じるしかありませんし、そのためには信頼できる化粧品メーカーの化粧品を使うことをおすすめします。

●多くの化粧品メーカーが利用する「化粧品の成分表示名称リスト」

以前は、化粧品に使用可能な成分とその使い方をまとめた「化粧品種別許可基準」を国が作成していて、これがおおむね化粧品成分の一覧表とみなすことができました。しかし、化粧品成分の規制緩和に伴い化粧品種別許可基準の作成は1999年版を最後に行われていません。**現在は化粧品成分の一覧表に該当するものは存在せず、化粧品成分の数は理屈の上では無数に存在し誰も把握できていません。**インターネットなどで「化粧品表示名称リストが化粧品成分の一覧表です」「表示名称が登録され化粧品成分として正式に認められました」「表示名称がないので化粧品に使えません」などといった説明を見かけますが、これはどれも正しくありません。

業界団体である日本化粧品工業会（粧工会）が「化粧品の成分表示名称リスト」を作成しています。**ほとんどの化粧品メーカーが全成分リストでこのリストに書かれている名称を使用しているので、これを化粧品に配合が認められた成分の一覧表であると誤解してしまうのも無理もありません。**

しかし、実際には違います。

このリストには化粧品に配合できない成分も載っていますし、一方でこのリストに載ってない成分が使われている化粧品も存在しています。

【化粧品の成分表示名称リストに載っているが、化粧品に配合できない成分の例】

ヘキサクロロフェン、フルオロケイ酸Mg、トレチノイン、カルボシステイン、硝酸銀、フルオロ (C9-15) アルコールリン酸など

なぜだと思いますか。それを知るためには、日本化粧品工業会（粧工会）が作成している「化粧品の成分表示名称リスト」の目的を知る必要があります。**2001年4月に化粧品成分の規制緩和と併せて全成分表示制度がスタート**しました。消費者それぞれが自分の体質や嗜好、考えにあった化粧品を選ぶことができるように、その化粧品に配合されているすべての成分名を記載しなければならないという制度です。

このとき使用する成分の名称については「化粧品の全成分表示の表示方法等について」（平成13［2001］年3月6日医薬審発第163号）で『成分の名称は、邦文名で記載し、日本化粧品工業連合会作成の「化粧品の成分表示名称リスト」等を利用することにより、消費者における混乱を防ぐよう留意すること』と定められています。

要点としては
①**日本語で書く**
②**消費者が混乱しないようにする**
のふたつです。

「化粧品の成分表示名称リスト」は直後に「等」が付いているので必ずしもこのリストに載ってる成分の名前を使わなければならないわけではありませ

ん。実際、多くの化粧品メーカーが日本化粧品工業会（粧工会）が作成している化粧品の成分表示名称リストに記載されている名前を使っていますが、一部には化粧品メーカー独自の名前が使われているものもあります。

🔍 Essential Point❗

●「化粧品の成分表示名称リスト」の成分と
　化粧品に配合が許可されているかは無関係

「化粧品の成分表示名称リスト」は「同じ成分なのに化粧品メーカーによって呼び方が違うと消費者が混乱するから業界団体でおすすめの名称を作成して一覧表にします。どのメーカーもできるだけこのリストに書いてある名称を使うようにしましょう」という主旨で作られたリストです。

化粧品に配合が許可されているかどうかとは無関係なので、化粧品に配合できない成分にも名称が作成されたり、逆に化粧品にすでに配合されていてもまだ業界団体推奨の名称が決まっていない成分があったりもします。

そのためこのリストで化粧品の成分の数を正確に把握することはできませんし、そもそもそのような目的のリストでもありません。そのことは化粧品の成分表示名称リストの注意書きに、以下のように書かれています。

> 収載された成分の安全性、配合の可否などについては一切関与いたしません。したがいまして、収載された成分が防腐剤、紫外線吸収剤又はタール色素に該当するかどうかなどの判断も行っておりませんので、化粧品への配合にあたっては、平成12年9月29日付医薬発第990号厚生省医薬安全局長通知等に基づき、自己の責任の下で行ってください。

法律で使われている成分名と化粧品の成分表示は必ずしも一致しない

　厚生労働省が作成している化粧品基準などの法律での成分名は、化学物質名またはそれに準ずる名称が使われます。

　一方で、化粧品の成分表示名称は日本化粧品工業会（粧工会）が作成しており、欧米を中心に世界で広く使われている、国際的名称である**INCI**（International Nomenclature for Cosmetic Ingredients）**名のカタカナ読みまたはそれに準ずる名称が使われます。**そのため化粧品基準で使用されている成分名と化粧品の成分表示名称が一致しないものも多々あります。

化粧品基準の成分名と化粧品の成分表示名称が一致しない例

化粧品基準での成分名	該当する化粧品の成分表示名称
ポリオキシエチレンラウリルエーテル（8～10E.O.）	ラウレス-8、ラウレス-9、ラウレス-10
ユビデカレノン	ユビキノン
イソプロピルメチルフェノール	o-シメン-5-オール
パラオキシ安息香酸エステル及びそのナトリウム塩	メチルパラベン、エチルパラベン、プロピルパラベン、ブチルパラベン、イソブチルパラベン、メチルパラベンNa…など
ヒドロキシメトキシベンゾフェノンスルホン酸	オキシベンゾン-4
2,4,6-トリス[4-(2-エチルヘキシルオキシカルボニル)アニリノ]-1,3,5-トリアジン	エチルヘキシルトリアゾン

化粧品の「全成分表示」制度

　消費者それぞれが自分の体質や嗜好にあった化粧品を選ぶことができるように、**化粧品の包材（購入前に見ることができる場所）にその化粧品に配合されているすべての成分名を記載しなければならない**という制度です。化粧品成分の規制緩和とセットで2001年4月から始まっています。

成分の記載順の4つのルール

　「化粧品の全成分表示の表示方法等について」（平成13［2001］年3月6日医薬審発第163号医薬監麻発220号厚生労働省医薬局審査管理課長・厚生労働省医薬局監視指導・麻薬対策課長通知）では『成分名の記載順序は、製品における分量の多い順に記載する。ただし、1％以下の成分及び着色剤については互いに順不同に記載して差し支えない。』と書かれています。

　これに加えて業界団体の自主基準の「化粧品の全成分表示記載のガイドライン（改訂）」（平成14［2002］年2月27日日本化粧品工業連合会）でさらに細かなルールが定められています。

両者をまとめると大まかに以下の**4つのルールで全成分リストが作成**されています。

ルール❶ 成分を配合量の多い順に記載する。

ルール❷ ただし、1%以下の成分は順不同でもよい。

ルール❸ 着色剤は配合量の多少にかかわらず順不同で最後にまとめて記載してもよい。

ルール❹ メイク品で、着色剤以外がまったく同一の成分リストになる色違いのシリーズ製品では、その着色剤がその色の製品に実際に配合されているかどうかに関係なく「+/−」の記号を書いた後に、そのシリーズ製品で配合されているすべての着色剤を記載することでシリーズ共通の全成分リストを作成してもよい。

キャリーオーバー成分の記載

化粧品に配合する成分に付随する成分で、化粧品中ではその**効果を発揮しない量まで薄まっている成分のことをキャリーオーバー成分といいます。キャリーオーバー成分は全成分リストに記載する必要はありません。**

たとえばある原料にその原料が腐らないように0.8%の防腐剤が配合されていたとして、化粧品にこの原料を2%配合すると防腐剤は0.016%に薄まります。この濃度で防腐剤としてまったく機能しないなら、この防腐剤をキャリーオーバー成分とし、全成分リストに記載しても、しなくてもよいことになります。

キャリーオーバー成分を表示するのは、機能していない成分があたかも機能しているかのように見えてしまうデメリットと、機能していてもしていなくてもとにかく配合されている成分がわかるというメリットが共存します。キャリーオーバー成分を全成分リストに記載するかしないかは各化粧品メーカーの判断にまかされています。

配合量順と順不同の境目の目安

　美容成分（植物エキス類、ヒアルロン酸類、コラーゲン類、アミノ酸類など）や品質向上剤・品質保持剤（増粘剤、酸化防止剤、キレート剤、防腐剤など）は、ほとんどが1%以下の配合量で十分効果を発揮するので、これらの成分の名前が、全成分リストで配合量順と順不同の境目の目安になります。**1%以下の成分は順不同で書かれている可能性が高いので順番を気にしてもあまり意味はありません。**

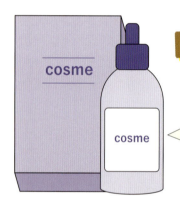

【化粧品全成分表示の例】

水、グリセリン、BG、マカデミア種子油、オリーブ果実油、セージ葉エキス、ヒアルロン酸 Na、ソルビトール、加水分解コラーゲン、PEG-60 水添ヒマシ油、ステアリン酸ソルビタン、キサンタンガム、カルボマー、水酸化 K、EDTA-2 Na、メチルパラベン、カラメル

注）外装箱や容器などの包材（購入前に見ることができる場所）に記載

Chapter 3

医薬部外品の成分に関するルール

化粧品成分とはルールが異なる

「医薬部外品」は治療を目的とする「医薬品」と

人体への作用が緩和な「化粧品」の中間的存在。

効能効果が認められた

「有効成分」が配合されており、

肌の悩みに合わせたアプローチが期待できます。

「医薬部外品」の成分は国による承認制のため、

「化粧品」とは異なるルールがあります。

その違いをきちんと学ぶことで、

目的に合わせた化粧品選びができるようになり、

化粧品への理解がより深まります。

医薬部外品は「有効成分」と「添加物」のふたつで構成される

　医薬部外品は、**効能効果を発揮する「有効成分」と、有効成分を使いやすい効果的な形に仕上げるための「添加物」の2種類の成分で構成**されています。それぞれよく使われる成分については厚生労働省が成分名と配合量の一覧表を公開しています。

有効成分

よく使われる有効成分と配合量のリスト

染毛剤	染毛剤製造販売承認基準（令和3［2021］年6月28日薬生発0628第7号）
パーマ液	パーマネント・ウェーブ用剤製造販売承認基準（令和3［2021］年6月28日薬生発0628第10号）
薬用石けん（洗顔料を含む）	薬用石けんの承認審査に係る留意事項について（平成30［2018］年3月29日薬生薬審発0329第13号）
薬用シャンプー、薬用リンス	薬用シャンプー及び薬用リンスの承認審査に係る留意事項について（平成26［2014］年5月2日薬食審査発0502第1号）
浴用剤	浴用剤製造販売承認基準（平成27［2015］年3月25日薬食発0325第39号）
薬用歯みがき類	薬用歯みがき類製造販売承認基準（令和3［2021］年6月28日薬生発0628第13号）
薬用化粧品	いわゆる薬用化粧品中の有効成分リスト（平成20［2008］年12月25日薬食審査発第1225001号）薬用化粧品は各企業が独自に取得した非公開の有効成分が他と比べて多くある。

　よく使われる有効成分と配合量のリストは、上記の表のようにアイテムごとに公開されています。この中で**薬用化粧品の有効成分は、効能効果の種類**

（肌荒れ改善、抗炎症、美白、抗シワなど）が多く、また化粧品メーカーが独自性・優位性を競い合っている分野ということもあり、よく使われる有効成分では公開されていない、それぞれの**企業が独自に承認をとった非公開の有効成分が他と比べ数多くあります**。

添加物

よく使われる添加物と配合上限のリスト

染毛剤	染毛剤添加物リスト（令和3［2021］年9月30日薬生薬審発0930第3号）
パーマ液	パーマネント・ウェーブ用剤添加物リスト（令和3［2021］年9月30日薬生薬審発0930第5号）
薬用石けん・シャンプー・リンス、除毛剤、育毛剤、薬用口唇類、薬用歯みがき類、浴用剤、その他の薬用化粧品、腋臭防止剤、忌避剤	医薬部外品の添加物リスト（平成20［2008］年3月27日薬食審査発第0327004号）

　添加物にはここで挙げた成分のほかに、「別紙規格」として各化粧品メーカーが個別に承認を得た成分もあります。別紙規格成分は非公開（承認を受けた化粧品メーカーのみが認識している）のため総数を含めて添加物の全体像を把握している人はいないでしょう。

国の承認によって決まる 医薬部外品添加物の規制

　医薬部外品の成分は**実質的な承認制***なので、**規制の考え方は「承認された範囲が使える範囲」**と実にシンプルです。

　たとえばそれまで薬用石けんに配合されたことがない成分Aを薬用石けんに3%配合したいと考えた場合、実際に成分Aを3%配合した薬用石けんを作ってこの薬用石けんの承認申請を行います。審査を受けてこの薬用石けんの製造販売が承認されると、結果として「成分Aは薬用石けんに3%まで配合できる」という承認範囲（配合可能アイテムとその配合上限）が決まります。

***実質的な承認制とは**：成分を直接承認するのではなく、製品が承認されることでそこに配合した成分の使い方が間接的に承認されることを、本書では「実質的な承認制」と呼んでいます。

●添加物リストの配合上限は必ずしも安全性と関連していない

　インターネットなどで医薬部外品の添加物リストに書かれている配合上限と成分の安全性を関連付ける解説を見聞きしますが、両者は必ずしも関連付くものではありません。

　先の例では、成分Aの薬用石けんへの配合上限は3%となりますが、これは3%以上になると問題があるから3%に定められたのではなく、承認された製品中の成分Aの配合量がたまたま3%だったからです。仮にその後どこかの企業が成分Aを5%配合した薬用石けんを作って承認されれば、成分Aの薬用石けんへの配合上限は5%に変更になります。

　また、成分Aを配合した育毛剤の承認をまだどの企業も受けていなければ、その時点での成分Aの育毛剤への配合上限は空欄です。空欄は配合禁止を意味しますが、これは成分Aを育毛剤に配合するのは危険だから配合禁止なのではなく、どの企業もまだ成分Aを配合した育毛剤の承認を受けていないため、その時点では配合上限が決まっていないという意味で空欄すなわち配合禁止なだけです。

このように特定のアイテムの配合上限があったり、空欄になっているのは、そのアイテムに配合するのは危険だからかもしれないし、そのアイテムで一般的な剤形には溶けないからかもしれないし、そのアイテムに配合しても意味がないからかもしれないし、誰も興味がないからかもしれません。あるいは、どの企業もすでに個別に承認を受けているため、公開されているよく使われる添加物リストには載っていないだけということもあります。理由はさまざまなのです。

医薬部外品では申請された製品の成分配合濃度が適切であるかどうかが審査されます。それを超えてどこまでの高濃度配合が適切かまでは審査の対象ではありません。そのため**医薬部外品添加物の配合上限は、その時点でアイテムごとに承認された前例の中の最大値という意味であり、多くの場合その成分の安全性とは関係ない**ことに注意してください。

化粧品成分と医薬部外品成分の規制の違い

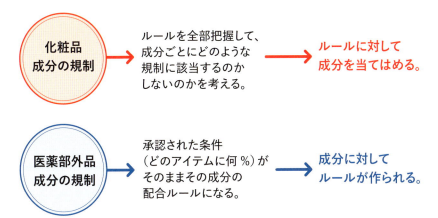

医薬部外品の成分名は
国の規格書にのっとって決まる

　医薬部外品の成分名は、国が作成している成分の規格書に書かれている成分名がそのまま使われます。化学物質の場合は、化合物の分子構造を正確に表現する化学名やそれに近い名前が使われる傾向が強く、そのため比較的長い名前の成分が多くあります。また、**一部の成分には別名が設定されているものもあります。医薬部外品の承認申請をする際にはこの成分名（または別名）を使用**します。

　業界の自主的な活動として医薬部外品においても、化粧品同様に全成分表示が行われています。承認申請に使用している成分の名称は長いものが多く、全成分リストを印刷する場所がそれほど広くない商品では書ききれない問題が発生します。そこで、全成分表示専用の成分名称として**簡略名が用意されている成分もあります。**

医薬部外品で使われる成分名の種類と成分名称

成分名（必ずある）	別名（一部の成分にある）	簡略名（多くの成分にある）
医薬部外品の承認申請で使用する成分名称。厚労省が作成している。全成分表示にも使用される。		全成分表示専用の成分名称。粧工会が作成している。
グレープフルーツエキス		
クルミ殻エキス	クルミ殻粒エキス	
シルク末	絹粉 シルクパウダー	
キシリット		キシリトール
L-アスコルビン酸 2-グルコシド		ビタミンC・2-グルコシド アスコルビル2-グルコシド アスコルビン酸2-グルコシド
クワエキス	ソウハクヒエキス	桑エキス
海藻エキス(1)	褐藻エキス(2)	海藻エキス-1 褐藻エキス-2

医薬部外品の成分表示名称と化粧品の成分表示名称との関係

医薬部外品の成分は厚生労働省による実質的な承認制によって管理されていますが、**化粧品の成分は各化粧品メーカーが自己の責任において管理**しています。異なる組織が異なる考え方で管理しているので、**同じ名前が付いていても厳密には同じものであるとは限りません。**

スクワランの例

医薬部外品添加物「スクワラン」の本質	本品は、アイザメ属 Centrophorus（Centrophoridae）その他の主として深海に生息するサメ Selachii の肝油から得たスクワレンを水素添加して得られる飽和炭化水素で、主成分は、スクワラン（$C_{30}H_{62}$：422.81）からなる。
化粧品成分表示名称「スクワラン」の定義	本品は、サメ肝油もしくは他の天然油を水素添加することによって得られる分枝鎖を持つ飽和炭化水素であり、次の化学式で表される。

医薬部外品添加物のスクワランは、サメ肝油由来に限定されていますが、化粧品成分表示名称のスクワランは広く天然油由来と定義されています。

このため化粧品でよく使われるオリーブ油由来のスクワランは、化粧品成分表示名称ではスクワランに該当しますが、医薬部外品添加物のスクワランには該当しません。オリーブ油由来のスクワランは医薬部外品添加物では「植物性スクワラン」という別の名前が付いています。

医薬部外品添加物「植物性スクワラン」の本質	本品は、「オリブ油」、「コメヌカ油」、「コムギ胚芽油」、「ゴマ油」などの植物油から抽出されたスクワレンを水素添加したものである。本品は定量するとき、スクワラン（$C_{30}H_{62}$：422.81）75.0%以上を含有する。

医薬部外品添加物リストには「合成スクワラン」という成分もあります。

医薬部外品添加物「合成スクワラン」の本質	本品は、イソプレンより合成して得られる飽和炭化水素で、主成分はスクワランである。本品は、定量するとき、スクワラン（$C_{30}H_{62}$：422.81）98.0%以上を含む.

　医薬部外品添加物「合成スクワラン」に該当する成分を、化粧品ではどの名前で呼ぶかは、いくつかの解釈があって正解はありません。「スクワラン」に含めて構わないという考え方と「ポリイソプレン」が適当であるという考え方と、おもにふたつの考えがあります。

医薬部外品の添加物	化粧品の成分表示名称
スクワラン	スクワラン
植物性スクワラン	
合成スクワラン	
	ポリイソプレン

　国が法に基づいて作成している医薬部外品の添加物名称と違って、化粧品の成分表示名称は業界団体が作成している、業界団体がおすすめする名前と定義なので法的拘束力はありません。化粧品の成分は規制緩和によって化粧品メーカーが自らの責任において自由に選択でき、成分の名前も関連法令や業界団体の推奨を考慮しつつ、最終的には自らの責任において自由に決めるものです。

　そのため、業界団体がおすすめする化粧品成分表示名称「スクワラン」の定義が「天然油を水素添加」と書いてあるからといっても、天然油から合成してもイソプレンから合成しても結果は同じ分子構造の化合物のため、同じ名前で表示しても構わないという解釈も可能です。

ツバキの種子のエキスの例

医薬部外品添加物「ツバキエキス」の本質	本品は、ツバキ Camellia japonica L. (Theaceae) の種子の脱脂物から水にて抽出して得られるエキスである。
化粧品成分表示名称の「ツバキ種子エキス」の定義	本品は、ツバキ Camellia japonica の種子のエキスである。

　医薬部外品添加物「ツバキエキス」も化粧品成分表示名称「ツバキ種子エキス」もどちらもツバキの種子から得られるエキスですが、医薬部外品添加物「ツバキエキス」は「脱脂物から水にて抽出する」と限定されています。

　脱脂物から水にて抽出したツバキの種子のエキスは医薬部外品の「ツバキエキス」でもあり、化粧品成分表示名称の「ツバキ種子エキス」でもありますが、ツバキの種子の脱脂物からエタノールで抽出したエキスは医薬部外品添加物「ツバキエキス」には該当しません。

グリセリンの例

医薬部外品添加物「グリセリン」の本質	本品は、グリセリン（$C_3H_8O_3$：92.09）84〜87%を含む（比重による）。
化粧品成分表示名称の「グリセリン」の定義	本品は、次の化学式で表される三価アルコールである。

　医薬部外品添加物「グリセリン」は純度が85%前後に定められていますが、化粧品成分表示名称「グリセリン」には純度の定義はありません。化粧品製造では純度が98%前後のグリセリンが使われることが多いのですが、これは医薬部外品添加物「グリセリン」には該当しません。医薬部外品では「濃グリセリン」という別の名前で定義されています。

医薬部外品添加物「濃グリセリン」の本質	本品は、グリセリン（$C_3H_8O_3$：92.09）95.0%以上を含む（比重による）。

医薬部外品添加物「グリセリン」も医薬部外品添加物「濃グリセリン」*もどちらも化粧品成分表示名称では「グリセリン」です。

医薬部外品の添加物	化粧品の成分表示名称
グリセリン	グリセリン
濃グリセリン	

*厳密には医薬部外品の添加物リストには、医薬部外品原料規格で定義されているグリセリンと、日本薬局方で定義されているグリセリンと、食品添加物公定書で定義されているグリセリンと、微妙に定義の異なる3種類のグリセリンが掲載されています。
「濃グリセリン」も、医薬部外品原料規格で定義されている濃グリセリンと日本薬局方で定義されている濃グリセリンと、微妙に定義が異なる2種類の濃グリセリンが掲載されています。
しかし本書は専門書ではないので、医薬部外品の添加物リスト内での同名成分の細かな差異まで解説することはしません。医薬部外品原料規格で定義されている成分だけを医薬部外品添加物として説明します。

2種類存在する 医薬部外品の成分表示

医薬部外品の成分表示には、法律で定められた「表示指定成分表示」と業界団体の自主基準で行われている「全成分表示」の2種類があります。

表示指定成分

医薬部外品では、国が指定した成分を配合している場合には、その成分名を記載しなければならないと法律で定められています。 これは**表示指定成分**と呼ばれ「医薬品、医療機器等の品質、有効性及び安全性の確保等に関する法律第五十九条第八号及び第六十一条第四号の規定に基づき名称を記載しなければならないものとして厚生労働大臣の指定する医薬部外品及び化粧品の成分」として法律で定められています。

表示指定成分の一覧

1. 2-アミノ-4-ニトロフェノール
2. 2-アミノ-5-ニトロフェノール及びその硫酸塩
3. 1-アミノ-4-メチルアミノアントラキノン
4. 安息香酸及びその塩類
5. イクタモール
6. イソプロピルメチルフェノール
7. 3,3'-イミノジフェノール
8. ウリカーゼ
9. ウンデシレン酸及びその塩類
10. ウンデシレン酸モノエタノールアミド
11. エデト酸及びその塩類
12. 塩化アルキルトリメチルアンモニウム
13. 塩化ジステアリルジメチルアンモニウム
14. 塩化ステアリルジメチルベンジルアンモニウム
15. 塩化ステアリルトリメチルアンモニウム
16. 塩化セチルトリメチルアンモニウム
17. 塩化セチルピリジニウム
18. 塩化ベンザルコニウム
19. 塩化ベンゼトニウム
20. 塩化ラウリルトリメチルアンモニウム
21. 塩化リゾチーム
22. 塩酸アルキルジアミノエチルグリシン
23. 塩酸クロルヘキシジン

医薬部外品の成分に関するルール

24. 塩酸2,4-ジアミノフェノキシエタノール
25. 塩酸2,4-ジアミノフェノール
26. 塩酸ジフェンヒドラミン
27. オキシベンゾン
28. オルトアミノフェノール及びその硫酸塩
29. オルトフェニルフェノール
30. カテコール
31. カンタリスチンキ
32. グアイアズレン
33. グアイアズレンスルホン酸ナトリウム
34. グルコン酸クロルヘキシジン
35. クレゾール
36. クロラミンT
37. クロルキシレノール
38. クロルクレゾール
39. クロルフェネシン
40. クロロブタノール
41. 5-クロロ-2-メチル-4-イソチアゾリン-3-オン
42. 酢酸-dl-α-トコフェロール
43. 酢酸ポリオキシエチレンラノリンアルコール
44. 酢酸ラノリン
45. 酢酸ラノリンアルコール
46. サリチル酸及びその塩類
47. サリチル酸フェニル
48. 1,4-ジアミノアントラキノン
49. 2,6-ジアミノピリジン
50. ジイソプロパノールアミン
51. ジエタノールアミン
52. システイン及びその塩酸塩
53. シノキサート
54. ジフェニルアミン
55. ジブチルヒドロキシトルエン
56. 1,3-ジメチロール-5,5-ジメチルヒダントイン(別名DMDMヒダントイン)
57. 臭化アルキルイソキノリニウム
58. 臭化セチルトリメチルアンモニウム
59. 臭化ドミフェン
60. ショウキョウチンキ
61. ステアリルアルコール
62. セタノール
63. セチル硫酸ナトリウム
64. セトステアリルアルコール
65. セラック
66. ソルビン酸及びその塩類
67. チオグリコール酸及びその塩類
68. チオ乳酸塩類
69. チモール
70. 直鎖型アルキルベンゼンスルホン酸ナトリウム
71. チラム
72. デヒドロ酢酸及びその塩類
73. 天然ゴムラテックス
74. トウガラシチンキ
75. dl-α-トコフェロール
76. トラガント
77. トリイソプロパノールアミン
78. トリエタノールアミン
79. トリクロサン
80. トリクロロカルバニリド
81. トルエン-2,5-ジアミン及びその塩類
82. トルエン-3,4-ジアミン
83. ニコチン酸ベンジル
84. ニトロパラフェニレンジアミン及びその塩類
85. ノニル酸バニリルアミド
86. パラアミノ安息香酸エステル
87. パラアミノオルトクレゾール
88. パラアミノフェニルスルファミン酸
89. パラアミノフェノール及びその硫酸塩
90. パラオキシ安息香酸エステル
91. パラクロルフェノール
92. パラニトロオルトフェニレンジアミン及びその硫酸塩

93. パラフェニレンジアミン及びその塩類
94. パラフェノールスルホン酸亜鉛
95. パラメチルアミノフェノール及び
その硫酸塩
96. ハロカルバン
97. ピクラミン酸及びそのナトリウム塩
98. N,N'-ビス-(4-アミノフェニル)-
2,5-ジアミノ-1,4-キノンジイミン
(別名バンドロフスキーベース)
99. N,N'-ビス-(2,5-ジアミノフェニル)
ベンゾキノンジイミド
100. 5-(2-ヒドロキシエチルアミノ)-2-
メチルフェノール
101. 2-ヒドロキシ-5-ニトロ-2',4'-ジア
ミノアゾベンゼン-5-スルホン酸
ナトリウム(別名クロムブラウン
RH)
102. 2-(2-ヒドロキシ-5-メチルフェニ
ル)ベンゾトリアゾール
103. ヒドロキノン
104. ピロガロール
105. N-フェニルパラフェニレンジアミ
ン及びその塩類
106. フェノール
107. ブチルヒドロキシアニソール
108. プロピレングリコール
109. ヘキサクロロフェン
110. ベンジルアルコール
111. 没食子酸プロピル
112. ポリエチレングリコール(平均分
子量600以下のものに限る。)
113. ポリオキシエチレンラウリルエー
テル硫酸塩類
114. ポリオキシエチレンラノリン
115. ポリオキシエチレンラノリンアル
コール
116. ホルモン

117. ミリスチン酸イソプロピル
118. メタアミノフェノール
119. メタフェニレンジアミン及びその
塩類
120. 2-メチル-4-イソチアゾリン-3-オン
121. N,N''-メチレンビス[N'-(3-ヒドロ
キシメチル-2,5-ジオキソ-4-イミ
ダゾリジニル)ウレア](別名イミダ
ゾリジニルウレア)
122. モノエタノールアミン
123. ラウリル硫酸塩類
124. ラウロイルサルコシンナトリウム
125. ラノリン
126. 液状ラノリン
127. 還元ラノリン
128. 硬質ラノリン
129. ラノリンアルコール
130. 水素添加ラノリンアルコール
131. ラノリン脂肪酸イソプロピル
132. ラノリン脂肪酸ポリエチレングリ
コール
133. 硫酸2,2'-[(4-アミノフェニル)イミ
ノ]ビスエタノール
134. 硫酸オルトクロルパラフェニレン
ジアミン
135. 硫酸4,4'-ジアミノジフェニルアミ
ン
136. 硫酸パラニトロメタフェニレンジ
アミン
137. 硫酸メタアミノフェノール
138. レゾルシン
139. ロジン
140. 医薬品等に使用することができる
タール色素を定める省令(昭和
四十一年厚生省令第三十号)別
表第一、別表第二及び別表第三
に掲げるタール色素

注)表示指定成分は140項目ありますが、「パラオキシ安息香酸エステル」や「ソルビン酸及びその塩類」
「タール色素」のような複数の成分の総称もあるので対象となる成分の数は140よりも多くなります。

医薬部外品の全成分表示

　医薬部外品には、殺虫剤や栄養ドリンク、生理用品など幅広いカテゴリの商品が含まれているので、統一した全成分表示ルールを作ることが困難です。

　しかし化粧品では、消費者の選択や確認をより容易にするための情報を充実するために全成分表示をしているのだから、医薬部外品も全成分表示をした方がよいのではないかという考えのもと、医薬部外品の中でも特に化粧品に近い使い方をするものについて、関係する業界団体（日本化粧品工業会［粧工会］、日本石鹸洗剤工業会、日本パーマネントウェーブ液工業組合、日本ヘアカラー工業会、日本輸入化粧品協会及び日本浴用剤工業会）が話し合って業界の自主的な活動として2006年から全成分表示を始めています。

　化粧品の全成分表示は法律で定められた義務ですが、医薬部外品の全成分表示は業界団体の自主基準なので義務ではありません。

　全成分表示に使用する成分の名称は、成分名、別名、簡略名と3つの種類が用意されており（78ページ参照）、どの名称を使用するかは自由ですし、ひとつのリストの中で使用する表示名称の種類が統一されている必要もありません。

　たとえば、メチルパラベン、エチルパラベンには下記のような名称が用意されています。

成分名	簡略名
パラオキシ安息香酸メチル	メチルパラベン パラベン
パラオキシ安息香酸エチル	エチルパラベン パラベン

このふたつの成分を配合した医薬部外品の全成分リストでは、「パラオキシ安息香酸メチル、パラオキシ安息香酸エチル」と表示しても、「メチルパラベン、エチルパラベン」と表示しても、「パラオキシ安息香酸メチル、エチルパラベン」と表示しても問題ありません。「パラベン」という簡略名を使うなら2成分とも同じ名称なのでまとめて「パラベン」と表示しても問題ありません。

医薬部外品の全成分表示での成分の表示順

　医薬部外品の全成分表示の方法は「医薬部外品の成分表示に係る日本化粧品工業連合会の基本方針」（平成18［2006］年3月10日日本化粧品工業連合会）でくわしく定められています。

　最初に「有効成分」を記載して、その後に「その他の成分」（添加物）を記載します。このとき、有効成分が複数ある場合は厚生労働省に提出した承認申請書に記載してある順番で、その他の成分の順番は自由です。有効成分、その他の成分ともに配合量順というルールではありません。**化粧品の全成分表示とはだいぶルールが異なるので注意が必要です。**

【医薬部外品の表示指定、全成分表示の例】

有効成分
グリチルレチン酸ステアリル、リン酸L-アスコルビルマグネシウム

その他の成分
精製水、エタノール、1,3-ブチレングリコール、濃グリセリン、植物性スクワラン、サルビアエキス、モノステアリン酸ポリオキシエチレンソルビタン、フェノキシエタノール、香料

Column 化粧品成分を学ぶということ

　医薬部外品成分の規制は、承認された範囲がOKの範囲なので明確でわかりやすいです。

　化粧品成分の規制は、防腐剤と紫外線吸収剤と有機合成色素についてはOKの範囲を定めるポジティブリスト方式で、それ以外の成分についてはNGの範囲を定めるネガティブリスト方式です。ネガティブリストは最低限のNGを定めているだけですから、ネガティブリストにないことは好き勝手やってよいというわけではありません。ネガティブリストにない成分のOK/NGは、化粧品メーカーが自らの責任において安全性を十分に確認した上で判断することになっています。

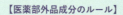

化粧品成分のルール
防腐剤と紫外線吸収剤と有機合成色素についてはOKを定めるポジティブリスト方式、それ以外の成分はNGを定めるネガティブリスト方式。

医薬部外品成分のルール
OKを定める実質的な承認制。

　この制度では化粧品メーカーの責任は重大ですが、おかげで消費者の需要の多様化に対応した幅広い成分選択が可能になっています。

　これは、長い年月をかけて安心安全な化粧品作りを行ってきた各化粧品メーカーの活動が評価された結果ともいえます。化粧品メーカーがどんな責任を果たした上で化粧品成分を選択しているのかを知れば、不必要に疑心暗鬼になることもないでしょう。

> **Chapter 4**

自然化粧品・オーガニック化粧品・無添加化粧品の本質

イメージだけで選んでいませんか？

化粧品の広告やパッケージに「自然」や「天然由来成分」

「オーガニック」「無添加」といった言葉を見かけることは

少なくありませんが、なんとなくのイメージで「肌にやさしそう」

「安心・安全に使える」と思い込んでいませんか？

これらの「自然化粧品」や「無添加化粧品」には

どんな基準があるのか、安全性や品質との関係などを

しっかりと学びましょう。

イメージにとらわれて本質を見失わない。

化粧品を理解するために、何よりも大切なことです。

自然指数、自然由来指数、オーガニック指数、オーガニック由来指数が示すもの

　自然やオーガニックというイメージをより強く感じられる化粧品を使いたいと考える消費者に対する情報提供として、以前はさまざまな基準が乱立しており、わかりにくい状態でした。

　そこで2010年、International Organization for Standardization（国際標準化機構）の化粧品に関する技術委員会において、化粧品の自然及びオーガニックにかかわる基準の検討が始まり、**国際標準ISO 16128として2016年2月に「Part1 原料の定義」、2017年9月には「Part2 原料及び製品の基準」が制定**されました。**日本ではISO 16128の制定を受けて2018年に日本化粧品工業会（粧工会）が「ISO 16128 に基づく化粧品の自然及びオーガニックに係る指数表示に関するガイドライン」を制定し**ました。現在では日本の多くの化粧品メーカーが自然やオーガニックを標榜する際にはこのガイドラインに沿った表示を行っています。

	指数の種類	水の取り扱い	計算パターン
自然	自然指数（化粧品中に自然原料が何%含まれているか）	水を自然原料として計算に含める	1
		水を計算に含めない	2
	自然由来指数（化粧品中に自然原料と自然由来原料が合計何%含まれるか）	水を自然原料として計算に含める	3
		水を計算に含めない	4
オーガニック	オーガニック指数（化粧品中にオーガニック原料が何%含まれているか）	水を計算に含める	5
		水を計算に含めない	6
	オーガニック由来指数（化粧品中にオーガニック原料とオーガニック由来原料が合計何%含まれるか）	水を計算に含める	7
		水を計算に含めない	8

●原料の配合量の%は安全性・品質の担保にはならない

ISO 16128は、その化粧品が自然化粧品あるいはオーガニック化粧品かどうかを判断するためのものではありません。その**化粧品中に自然及びオーガニック原料が何%含まれるかの計算方法を示すもの**です。この計算結果を表示するだけで、**指数がいくつ以上なら自然化粧品になるといった境目は存在しません**。また、この指数は、**自然原料やオーガニック原料を化粧品中に何%使用しているのかを示す数値であり、化粧品の安全性や品質とはまったく関係ない**ことに注意が必要です。

【自然指数の計算】

1. 水を自然原料として計算に含める

すべての原料のうち自然原料と水の合計は何%か

2. 水を計算に含めない

水以外の原料のうち自然原料は何%か

【自然由来指数の計算】

3. 水を自然原料として計算に含める

すべての原料のうち自然原料と自然由来原料と水の合計は何%か

4. 水を計算に含めない

水以外の原料のうち自然原料と自然由来原料の合計は何%か

【オーガニック指数の計算】

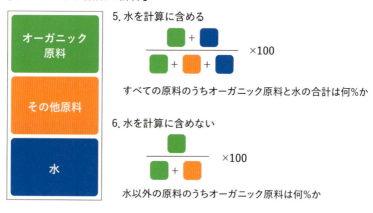

【オーガニック由来指数の計算】

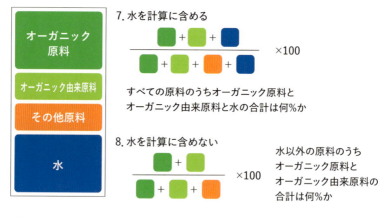

Essential Point!

「安心」や「安全」といったイメージが強い、自然成分やオーガニック成分ですが、本当に肌に塗って良いかとは無関係です。日本化粧品工業会（粧工会）も『これらの指数は、自然・オーガニック化粧品（原料を含む）の安全性や品質について規定したものではありません。』という注意喚起を行っています。**自然・オーガニック指数は、その化粧品の成分のどれくらいが自然由来やオーガニック由来なのかを示す数値**で、それ以外の意味はありません。

天然成分は安心・安全という イメージの意味

「天然」「自然」という文字に対して多くの消費者は「安心」や「安全」といったイメージを持っています。そこで化粧品メーカーは自分たちが作った**化粧品が安心・安全なものであることを、天然とか自然といった文字を利用して消費者に伝えることがよくあります。**安心・安全な化粧品を作るための自社の取り組みを長々と説明してもなかなか伝わらないし、そもそもそんなに説明を文章にするスペースや話す場がないことも多いからです。

たとえば「完熟トマト」といえば"おいしい"というイメージが簡単に伝わります。産地や栽培方法、糖度や酸度、収穫時期や収穫方法、保存方法、流通形態などおいしさを左右する要素はいっぱいありますが、それらを全部説明したところで長すぎて消費者は読んでくれませんし、パッケージや売り場に長々と説明を書けるスペースがなかったりします。「完熟」という短い文字を使うことでおいしいトマトというイメージをサッと伝えることができますが、実際においしいかどうかは別です。

●「人工」と「合成」も言葉のイメージで誤解されている

同じように化粧品では天然や自然という短い文字を使うことで、安心・安全というイメージをサッと伝えることができますが、**実際にその成分が安心・安全なのかは別**です。漆やポインセチアの樹液など天然や自然の成分でも、肌が弱い人が肌に塗ると良くない成分はたくさんあります。天然や自然という文字に安心・安全なイメージがあることと、実際に安心・安全なものであるかどうかは分けて考えなければいけません。

このことは天然・自然の対極にある「**人工**」・「**合成**」という文字にも当**てはまります。**人工・合成という文字に対して良くないもの、避けるべきものといったイメージを持っている消費者が少なからずいます。

そこで化粧品メーカーは自分たちが作った化粧品が良いものであることを人

工○○不使用とか合成○○不使用といった文字を利用して消費者に伝えることがあります。しかしこれも自社の化粧品の良さを簡便に伝えるための広告手段であって、実際に人工物や合成物が良くないもの、避けるべきものであるかどうかは別であり、人工物や合成物を避ければ安心であるかどうかも別です。

たとえば**ジメチコン**や**トリ（カプリル酸/カプリン酸）グリセリル**、**トリエチルヘキサノイン**、**ポリソルベート60**、**PEG-10ジメチコン**、のように長年非常に多くの化粧品に使われ続けている（＝多くの人に肌トラブルを起こさず安心して使われている）ロングセラーの合成成分がいくつもあります。

	発売総数に対する配合商品の数と割合
ジメチコンを配合した商品	2,012品（51.2％）
トリ(カプリル酸/カプリン酸)グリセリルを配合した商品	912品（23.2％）
トリエチルヘキサノインを配合した商品	626品（16.0％）
上記3つのいずれかひとつ以上を配合している商品	2,687品（68.4％）

Cosmetic-Info.jp（https://www.cosmetic-info.jp/）の市販化粧品の全成分リストデータベースに収録されている2000年以降に国内で発売された乳液、クリーム合計3,931品を対象に調査した結果（2023年4月現在）

由来で化粧品成分の安全性がわかるくらいなら安全性研究は不要です。
　化粧品メーカーが優秀な人材を集めて日々化粧品の安全性研究をしているのは、化粧品や化粧品成分の本当の安心・安全というのは一朝一夕ではわからないことばかりだからです。

●言葉のイメージにとらわれすぎると化粧品選びが窮屈になる

天然、自然という言葉はいかなる品質を保証するものでもありません。このことは、医薬品等適正広告基準（平成29［2017］年9月29日薬生発0929第4号厚生労働省医薬・生活衛生局長通知）の第4（基準）の3の（5）「効能効果等又は安全性を保証する表現の禁止」において

> 医薬品等の効能効果等又は安全性について、具体的効能効果等又は安全性を摘示して、それが確実である保証をするような表現をしてはならない。

と定められていることからもわかります。この通知に関連して厚生労働省は「医薬品等適正広告基準の解説及び留意事項等について」で『本項は、「天然成分を使用しているので副作用がない」…（中略）…のような表現を認めない趣旨である』とも解説しています。

Essential Point!

天然や自然という言葉はイメージや化粧品を使う楽しみを与えてくれるものであって、効能効果や安全性など品質を保証するものではありません。化粧品成分の由来にこだわりすぎて化粧品選びが窮屈に感じている人は、言葉が持つイメージと実態は別であることを理解することで、化粧品選びの選択肢が広がります。

天然由来 vs 石油由来の矛盾

「天然由来は安全で石油由来は危険」「天然由来成分でできた化粧品が使いたいので石油由来成分が入ってない化粧品を探しています」というような「天然は安心」「石油は危険」というイメージを持っている消費者がいます。しかし、この説明は科学的に正しいかどうか考える以前に、そもそも日本語としておかしいのです。

💡 Essential Point❗

なぜなら、石油も人の手で作り出すことができない「天然成分」だからです。**石油は正真正銘の天然成分なので、天然成分と石油を対比すること自体が意味を持たない**のです。

「天然由来成分でできた化粧品が使いたいので石油由来成分が入っている化粧品は使いたくありません」と言うのは「国産野菜を食べたいので神奈川県産野菜は食べたくありません」と言っているようなものです。

●**天然＝安心ならば天然成分である石油にもあてはまる**

「石油は貴重な天然地下資源」という事実を多くの消費者は忘れているため、天然は安心で、石油は危険という情報が矛盾していることに気づくことがありません。

大地から湧き出る天然の水は「地下水」や「湧水」と呼ばれ多くの人が良いイメージを持っていますが、大地から湧き出る天然の油は「石油」や「鉱物油」と呼ばれ、多くの人が悪いイメージを持っています。どちらも大地の恵みなのに不思議なことです。

言葉のイメージに引きずられた化粧品選びは食わず嫌いと同じ。**言葉の持つイメージとその成分の安全性は分けて考える必要があります。**

石油由来はもう石油由来とは限らない

いわゆるプラスチックやビニール、合成ゴムのような石油化学製品の多くは、原油をある温度で加熱し蒸留したときの蒸気からできる「ナフサ」と呼ばれる石油精製物から製造されています。化粧品でもPEGやポリエチレンなど多くの成分がこのナフサから製造されています。

一方で近年、廃食用油、動植物油といったバイオマス（動物・植物など生物由来の資源）からもナフサを製造する技術が実用化されました。石油ナフサとバイオマスナフサに品質の違いはないため、2022年ごろからはこれらを一定の比率で混ぜたナフサが石油化学製品の原料として広く使われ始めています。

そのため**国内で製造されている多くの石油化学製品は、いまは石油由来ではなく「石油及び植物及び動物由来」になっています。化粧品原料も例外ではありません。**

ところで、「石油由来は危険で、植物由来は安全」という説明を聞くことがあります。もしそれが本当なのであれば、ナフサが石油由来からバイオマス由来になったことでポリエチレンやPEGの安全性が高まるはず。しかし、実際にはそんなことはなくPEGはPEGのままですし、ポリエチレンもポリエチレンのまま何も変わりはありません。

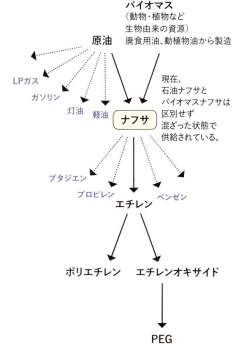

オーガニック化粧品とは？
イメージとその実態

　オーガニックとは有機栽培（農薬や化学肥料を使用しない栽培方法）によって生産された農産物やそれを使った加工品に使われる言葉で、**オーガニック化粧品とは、有機栽培によって生産された農産物を出発点として製造される化粧品原料を一定量以上配合している化粧品のこと**を指しています。

　しかし何をオーガニック原料とするか、何％以上ならオーガニック化粧品とするかといった基準はあいまいで化粧品メーカーによってまちまちです。そこでいまは、日本化粧品工業会（粧工会）が策定した「ISO 16128に基づく化粧品の自然及びオーガニックに係る指数表示に関するガイドライン」に基づいた指数表示を採用するメーカーが増えています。

●オーガニックは植物の栽培法を指す言葉でしかない

　一般にオーガニックという言葉は、良いものである、安全なものであるというイメージが広まっており、化粧品メーカーも自社の化粧品が良いものである、安全なものであることを短い言葉で端的に伝える手段として、オーガニックというキーワードを使っています。

　しかし**オーガニックは植物の栽培方法を指しているのであってそのように育てた農産物が肌に塗っても安全なものかどうかとは無関係**です。

　たとえば銀杏の実（果肉の部分）には皮

膚炎の原因になる成分が含まれています。手袋をつけて触ることが推奨されているくらいなので、肌に塗って安全な成分とは決していえませんし、これが「有機栽培で育てたオーガニック銀杏なら安全です」ということにはならないことからわかると思います。

違う解釈でひとり歩きする、オーガニックという文字が持つイメージに対し、日本化粧品工業会（粧工会）もオーガニック指数について次のような注意を行っています。

> 　指数表示を行う際には、薬機法等に抵触することのないよう、消費者に誤認を与えるような安全性、効能・効果、品質及び機能と関連付けた表示や広告は行わないこと。
> 　　　　　　　　　（2018年2月1日 日本化粧品工業連合会*通知）

*当時の名称

● 植物の栽培方法では植物由来の安全性を語れない

収穫した農産物をそのままに近い形で使用する食品ならいざしらず、**化粧品では農産物に含まれる成分をさまざまな抽出法、高度な精製、化学処理などで加工した成分が多く使われています。こういった成分も分子構造の半分以上が、有機栽培した農産物を出発とした成分に由来する構造で占めていればオーガニック由来原料になります。**

しかし、ここまでになると栽培時に農薬や化学肥料を使ったかどうかの違いが、どれほどの違いになって残っているのか疑問です。オーガニックという言葉のイメージから、だいぶ乖離したものだと感じる人も多いと思います。

化粧品成分の由来となった植物の栽培方法にこだわりすぎてしまうと、化粧品選びの幅が狭くなってしまいます。言葉が持つイメージと実態は別であることを理解しましょう。

無添加化粧品とは？
何が"無添加"であるかが重要

　加工食品には、アレルギーの原因になりやすい食材（卵、小麦など）をリスト化し、その食材を使用している場合にそのことを表示しなさいという「特定原材料表示」という制度があります。

　かつて化粧品の成分が国の責任と管理のもとで決まっていた時代には、これと似たような制度が化粧品にもありました。当時は化粧品に配合した成分をすべて開示する全成分表示の制度ではなく、化粧品への配合を許可された成分の中から、厚生労働省が肌トラブルの原因になりやすいとされる成分（表示指定成分）をリスト化し、その成分を配合した場合にはそのことを表示しなさいという「指定成分表示」という制度でした。

●指定成分表示制度時代に始まった「無添加」のキャッチフレーズ

　この制度の存在をふまえ、**1980年代初めに表示指定成分を配合しないことを特徴とした化粧品が「無添加」というキャッチフレーズとともに登場**しました。

　当時から添加物という言葉に悪いイメージを持つ消費者が多かったことから、無添加化粧品は大ヒットとなり、その後いくつものメーカーから無添加化粧品が続々と発売されました。その後、表示指定成分無添加*以外に、香料無添加、防腐剤無添加、合成界面活性剤無添加、鉱物油無添加などさまざまな「無添加」が登場し、いまや「無添加」という言葉は安心・安全であることを端的に表現できる便利なキャッチフレーズとして、化粧品だけでなく食品でも定着しています。

*2001年4月から化粧品は指定成分表示制度は廃止になり全成分表示制度になったため、表示指定成分一覧も同日付で廃止になっています。そのため2001年4月以降は「旧表示指定成分無添加」と書かれることが一般的です。

　しかし、「○○○無添加」という言葉には「○○○を添加していない」という意味しかありません。○○○の成分が肌に合わない人にとっては良い

化粧品ですが、○○○の成分が肌に何のトラブルも起こさない人にとっては○○○が無添加であることは無意味であったり、かえって残念である場合もあります。

卵不使用の食品は卵アレルギーの人にとって良い食品ですが、卵アレルギーではない人にとってはどうでもよいことであったり、卵好きの人にとってはかえって残念である場合もあることと同じです。

● その成分が無添加であることは自分の肌にとって必要？

無添加化粧品を売る側にとっては無添加という文字を使うことで消費者へ安心安全なイメージが伝わればそれで十分なのですが、消費者にとっては「**自分の肌に合わない成分が**」無添加であることの方が重要です。

しかし、自分の肌に合わない成分が無添加であるかどうかを知るには、一般的な「○○○無添加」という表示では、旧表示指定成分、香料、防腐剤、合成界面活性剤、鉱物油などいずれも「何が」の対象となる成分が、あまりに広くあいまいで「良さそうなものだ」というイメージを感じられる以外にほとんど役に立ちません。「果実不使用」と書かれても対象があまりに広くあいまいで役に立たないのと同じです（パイナップルアレルギーの人には果実では範囲が広すぎてわからないし、そもそもパイナップルは正確には野菜に分類されるため、パイナップルを一般的なイメージの果実としてとらえている不使用表示なのかどうかもはっきりしない）。

このようなことから、厚生労働省が作成した「医薬品等適正広告基準の解説及び留意事項等について」（平成29［2017］年9月29日薬生監麻発0929第5号）では『化粧品及び薬用化粧品において「肌のトラブルの原因となりがちな○○を含有していない」等の表現は不正確なので「○○を含有していない」旨の広告にとどめる』（一部抜粋）としていて、何かの成分を含有していないことが安全性と関係があるかのような表現を禁止しています。

また、日本化粧品連合会（当時）が作成した「化粧品等の適正広告ガイドライン2020年版」では次のようなガイドラインが定められています。

> 単に「無添加」等の表現をすることは、何を添加していないのか不明であり、不正確な表現となる。また、安全性の保証的表現や他社誹謗につながるおそれもある。従って、添加していない成分等を明示して、かつ、保証的や他社誹謗にならない限りにおいては表現しても差し支えない。ただし、「無添加」等はキャッチフレーズのように強調して使用しないこと。

💡 Essential Point❗

「○○○無添加」という言葉は単に「○○○を添加していない」という意味でしかなく、**安全性や有効性などなんらかの品質を保証するものではありません。**

どの成分が肌に合わないのかは人それぞれです。**安心して使える化粧品というのは自分の肌に合わない成分が配合されていないことが重要で**、無添加という言葉がついているかどうかは、さほど重要ではありません。

無添加という文字にこだわるあまり自分の肌に合う化粧品が見つけられずにいる人は、自分には「何が」無添加であることが良いのかを考えてみることで、意外な化粧品との出逢いがあるかもしれません。

Chapter 5

化粧品成分の安全性を考える

思い込みではなく正しい知識を持とう

化粧品は日常で使用し、肌に直接塗布するものだけに

安心・安全であることは、選ぶ上での大きなポイントになります。

ただし、言葉のイメージによる思い込みで、

安心・安全を決めて選んでいる人も多くいます。

でも、その安心・安全は真実でしょうか?

この章では「界面活性剤」や「紫外線吸収剤」をはじめ、

なんとく"肌に悪い"イメージのある成分について解説します。

化粧品の成分を正しく理解することは

自分にとっての本当に安心・安全な化粧品選びにつながります。

界面活性剤
主な成分の分類と特徴

合成界面活性剤 vs 石ケン vs アミノ酸系界面活性剤

「合成界面活性剤は肌に悪い」という話を多く耳にしますが、それは本当でしょうか？

「合成」という文字には多くの人が「肌に良くないもの」というイメージを持っています。しかしそれはイメージであって、実際には長年にわたって安心・安全な成分として使われ続けている合成界面活性剤もありますし、一方で人間にとって毒となる危険な天然界面活性剤もあります。

●石ケン成分は長年使われている界面活性剤

石ケンという成分は数千年の長きにわたって使われ続けてきた、最も実績のある安心・安全な界面活性剤と言っていいでしょう。あまりにも昔からあるので天然成分だと思っている人もいるかもしれませんが、石ケンは天然にはほぼ存在しません。世の中で使われている石ケンはほぼすべてが、油脂と強アルカリ化合物によるケン化反応（アルカリ加水分解反応）、または高級脂肪酸と強アルカリ化合物による中和反応によって製造される、れっきとした合成界面活性剤です。ケン化反応や中和反応は合成ではないという考え方もありますが、そこまでいくと実態を無視した言葉遊びのレベルでしかありません。

また、肌にやさしいと評価されることが多いアミノ酸系界面活性剤も、三塩化リンを用いて合成した高級脂肪酸クロライドにアミノ酸を反応させ、さらに……と、石ケン合成など比較にならない高度な化学反応を駆使して作られる合成界面活性剤です。

💡 Essential Point❗

石ケンやアミノ酸系界面活性剤は、合成界面活性剤とは対極の存在とし

て紹介されることがありますが、実際には**石ケンもアミノ酸系界面活性剤も化学合成によって製造される合成界面活性剤**です。このように長年にわたり、実に多くの人が合成界面活性剤が使われている化粧品を安心・安全に使い続けています。

すると今度は「石油系界面活性剤は肌に悪い」という説明が登場します。

しかし石油系界面活性剤といっても、分子構造のすべてが石油由来でできている界面活性剤だけをそう呼ぶ人もいれば、分子構造の半分以上（それも重量でなのか物質量でなのかはっきりしないことが多い）が石油由来で構成されていればそう呼ぶ人もいるし、少しでも石油由来の構造が含まれていればそう呼ぶ人もいます。

何を石油系界面活性剤とするのか人によって認識が違っている状況では、石油由来は肌に良いのか悪いのかという議論以前の問題です。

また、石油も天然物ですから**天然系と石油系を分けるのも論理性に欠ける**考えです。

この由来のあの由来の界面活性剤は良いとか悪いとか、界面活性剤の由来と安全性に関して、矛盾するさまざまな「解説」と称する話が飛び交っています。

なぜ人によって言っていることが異なるのでしょう。それは、そもそもが合成か天然か石油かという由来で、安全性を判断できるという間違った前提で話をしているため、人によって言っていることの辻褄（つじつま）が合わなくなっているのです。

実際の安心安全は合成か天然か石油かとはまったく関係ないと理解すればスッキリします。だいたい、由来で安全性がわかるような簡単な話なら、化粧品メーカーに安全性研究者は不要になります。化粧品成分の由来にこだわりすぎることにあまり意味はありません。言葉が持つイメージと実態は別であることを理解し、化粧品選びの視野を広げましょう。

化粧品成分の安全性を考える

硫酸系・スルホン酸系界面活性剤とココイルメチルタウリンNa

　人の肌表面のpHは弱酸性なので、弱酸性の化粧品が肌にやさしいといわれています。洗浄料はすぐに洗い流すもので、洗い流した後の肌表面は汗ですぐに弱酸性になるため、pHの変化に敏感な体質でない限り気にするほどのことはないでしょう。

　それでもあえてどちらが肌にやさしいかといえば弱酸性でしょうから、洗浄料も弱酸性が良いという考え方があります。この考えに基づくと石ケン（高級脂肪酸アルカリ金属塩）は、その化学的性質上どうしても弱アルカリ性にしかならないので、**弱酸性の洗浄料を作るには石ケンとは違う弱酸性のアニオン界面活性剤が必要**となります。

　この問題に対して1900年代初頭に合成方法が確立された界面活性剤の**N-アシルアミノ酸塩（いわゆるアミノ酸系界面活性剤）は、水溶液が中性から弱酸性を示す**ことから注目され、アミノ酸という文字のイメージの良さもあいまって、いまでは肌にやさしい界面活性剤の代表例にもなっています。

●「硫酸」や「スルホン酸」は文字のイメージで悪者に

　同じく1900年代初頭から合成されるようになった**ラウレス硫酸Naを代表とする硫酸系やスルホン酸系の界面活性剤も、水溶液が中性であることに加えて、カルシウムイオンやマグネシウムイオンなどミネラル分が多く含まれる水（硬水）を使っていても洗浄力が低下しない**という石ケンにはない特徴があり、欧米ではさまざまな洗浄料で広く使われるようになっています。

　しかし、日本では硫酸系やスルホン酸系界面活性剤は多くが旧表示指定成分であったことや硫酸やスルホン酸という文字のイメージも悪いことから、アミノ酸系界面活性剤とは真逆の肌に悪い界面活性剤の代表例に挙げられることが多々あります。

　そうして広まったのが、

> アミノ酸系界面活性剤は肌にやさしい vs 硫酸系・スルホン酸系界面活性剤は肌に良くない

という言説です。

●アミノ酸系界面活性剤とされる「ココイルメチルタウリンNa」

ここで興味深い成分が「ココイルメチルタウリンNa」です。多くの解説で**ココイルメチルタウリンNaはアミノ酸系界面活性剤として紹介されていますが、実際にはスルホン酸系界面活性剤です。**なぜでしょうか。

アミノ酸とはひとつの分子の中にアミノ基とカルボキシ基というふたつの官能基が存在する化合物のことです。タウリンは化学名ではアミノエタンスルホン酸とも呼ばれることからわかるように、アミノ基とスルホン酸基で構成される分子です。カルボキシ基を持たないため、化学でも生物学でもほとんどの学問分野で**タウリンはアミノ酸ではありません。**しかし、**栄養学の分野では、タウリンがアミノ酸に似ているということで、アミノ酸の一種として扱われています。**

アミノ酸やタウリンから界面活性剤を合成する際には、いずれもアミノ基が結合点になります。合成された界面活性剤の分子構造を見ればタウリンから合成した界面活性剤は、どう見てもアミノ酸系界面活性剤ではなく明らかにスルホン酸系界面活性剤であることがわかりますし、たしかにスルホン酸系界面活性剤の機能や性質を持っています。

水に含まれているミネラル分への耐性（耐硬水性）に優れていることから、洗浄料とくにヘアシャンプーの洗浄剤には、硫酸系やスルホン酸系の界面活性剤が最適で、日本だけでなく世界中の多くの人が数十年にわたって安心して使い続けています。

しかし、**分類名が硫酸系やスルホン酸系だというだけで敬遠する人がいます。せっかくの良い成分なのにもったいない**ことです。

ココイルメチルタウリンNaは実態としては明らかに「スルホン酸系界面活

性剤」ですが、**栄養学でタウリンがアミノ酸扱いされていることを活かして「アミノ酸系界面活性剤」と説明することで、良いイメージの成分になります。**

アミノ酸、タウリンから界面活性剤を合成したときの分子構造

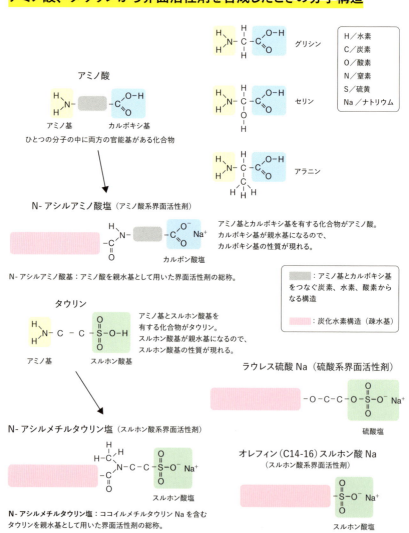

たとえば、国内で過去20年ほどの間に発売されたココイルメチルタウリンNaを配合した化粧品1260品のうち、9割近い1105品が洗顔フォームやシャンプー、ボディソープといった洗浄料です。

　アミノ酸系界面活性剤は洗浄料だけでなく乳液やクリーム、メイクアップ化粧料などさまざまなアイテムで活用されていますが、**日本ではココイルメチルタウリンNaは、ほぼ洗浄料だけで使われています。洗浄料で耐硬水性に優れるスルホン酸系界面活性剤を使いたいけれど、スルホン酸系のイメージは出したくないといった特定の目的で活用されている**ことがよくわかります。

Essential Point!

　硫酸系やスルホン酸系の界面活性剤が肌に合わないのであれば避けるべきですが、良くないと言ってる人がいるからといった程度の理由で避けているのであれば、あるいはココイルメチルタウリンNaがスルホン酸系界面活性剤だと知らずに安心して使っていたという人は、硫酸系・スルホン酸系の作られたイメージに振り回されているだけかもしれません。

　化学を正しく学び、実態とイメージの違いを理解することは、化粧品成分を学ぶ上での基本です。理解し、知識が増えることが、多様な化粧品への興味となり、化粧品選びの楽しさがいっそう高まるでしょう。

紫外線吸収剤
アレルギーリスクについて

「紫外線吸収剤はアレルギーの原因になりやすい成分です。みなさん、アレルギーの原因になりやすい成分は肌に良くないので、紫外線吸収剤を使った化粧品は避けましょう」のような解説を目にすることがあると思いますが、これは妙な話です。

食品を例に考えてみましょう。「卵はアレルギーの原因になりやすい食材です。アレルギーの原因になりやすい卵が使われている食品があちこちで売られています。みなさん、アレルギーの原因になりやすい成分は健康に良くないので、卵を使った食品は避けましょう」と言われたらどう感じますか。

アレルギーの原因になりやすい成分を使った食品を食べるか食べないかは、個人の体質や生活の質や好みなどによって答えはいろいろです。

・卵アレルギーじゃないし、卵はおいしいからよく食べる。卵かけご飯は最高だ。
・卵アレルギーじゃないけど、もともと卵嫌いだからあまり食べない。
・卵アレルギーじゃないけど、アレルギー体質だから卵は控えめにしてる。
・卵アレルギーだけど、ひどくはないので卵白を使ってない火が通ったものなら食べる。
・卵アレルギーだから、絶対食べない。

卵は良い食品成分なのか悪い食品成分なのか、一律に決められるものではないのがわかるでしょう。

●ほとんどの人が紫外線吸収剤についてイメージできていない

ところが化粧品の成分になると、アレルギーの原因になりやすい成分を使っているから良くないという解説がはびこり信じられています。なぜでしょうか。

それは消費者に知識がないからです。

卵は、どんな食品にどれくらい使われていて、自分や周囲の人は日頃からどれくらいの量を食べているのか、それによってどのような人に良いことや悪いことが起きているのか。こういった実態が"イメージできる"ため「アレルギーリスクが高い卵は良くない食品成分です」などと言われても、多くの人は「それは人によっていろいろでしょう」と"判断できます"。

ところが紫外線吸収剤のt-ブチルメトキシジベンゾイルメタンは、どんな化粧品にどれくらい使われていて、自分や周囲の人は日頃からどれくらいの量を塗っているのか、それによってどんな人に良いこと悪いことが起きているのか。こういった使用実態がまったく"イメージできない"ため、「アレルギーリスクが高い紫外線吸収剤は肌に良くない化粧品成分です」と言われると、多くの人が「そうか、気をつけなきゃ」と"納得してしまう"のでしょう。

● **その成分のアレルギーがなければ避ける必要はない**

アレルギーリスクの高い化粧品成分とどう付き合うのかは、アレルギーリスクの高い食品成分と自分はどう付き合っているのかと、同じ基準で考えれば判断しやすいです。

たとえばキウイフルーツアレルギーの人が食品を選ぶとき、アレルギーの原因となりやすい卵、小麦、ソバが使われているかどうかより、キウイフルーツが使われているかどうかの方が重要です。消費者が食品や化粧品を選ぶときに役に立つのは、アレルギーリスクの高い成分がどれなのかといった知識ではありません。**自分はどんな成分にアレルギーがあるのかを知ることが重要**です。

では、アレルギーの原因となりやすい成分を知ることは何に役立つのでしょうか。これは主に食品や化粧品を「作る側」に必要な知識です。卵を使った食品を作ると卵アレルギーの人はその食品を試食することすらできませんが、卵を使わなければ卵アレルギーの人でも試食できます。アレルギーの原因となりやすい成分を使うか使わないかで、その商品の潜在顧客の数が大きく増減しますし、誰に向かってどう宣伝をすればいいかも変わってきます。

Essential Point!

化粧品成分を学ぶことは、どの成分が良い、どの成分が悪いというリストを暗記することではありません。自分の肌に合う成分、合わない成分を

Column 日焼け止め選びの新基準「UV耐水性」

　シミの発生やはり・弾力の低下など、肌ダメージの一因となる紫外線。紫外線は夏だけのものではなく、一年中降り注いでおり、最近では、通年で紫外線対策を行う人も増えています。

　日焼け止めを選ぶときの指標となるのが「SPF」「PA」「UV耐水性」の表示です。SPFは「Sun Protection Factor」の略で、紫外線の中の「UV-B（紫外線B波）」を防ぐ効果を示す指標。数値が高いほど効果が高くなり、日本での最大値は50+（SPFが51以上ある）と表示されます。

　PAは「Protection Grade of UVA」の略で、波長が長く雲や窓ガラスも通り抜ける「UV-A（紫外線A波）」を防ぐ効果を+の数で表します。現在は「PA+」「PA++」「PA+++」「PA++++」の4段階で表示。+の数が多いほど、UV-Aを防ぐ効果が高くなります。PAを表示する場合は、SPFとの併記が定められています。

　3つめの基準「UV耐水性」は2022年12月より運用が開始され、2年の準備期間を経て、2024年12月の出荷物から市場に本格導入された新しい基準です。

日焼け止め選びの3つの指標

SPF
紫外線B波（UV-B）を防ぐ指標
数字が高いほど紫外線B波（UV-B）を防ぐ効果が高く、最大値はSPF50+（SPF51以上）と表示される。

PA
紫外線A波（UV-A）を防ぐ指標
「+」の数が多いほど効果が高くなり、「PA+」「PA++」「PA+++」「PA++++」の4段階で評価。

UV耐水性
水に触れたり浸かったときの耐水性（SPFの保持力）
☆（または★）の数が多いほど耐水性が高く「UV耐水性☆（★）」「UV耐水性☆☆（★★）」の2段階で評価。

※2024年12月より本格運用

「考えるための基礎知識」を手に入れることです。

　一律にあれは良い成分、これは悪い成分と決めつける解説に振り回されないこと。自分の体質、好み、考えから「自分にとって」良い成分、悪い成分を考えられるようになることこそが、化粧品選びの本質です。

　海やプールなど、水辺での使用の多い日焼け止めですが、耐水性については各メーカーが「ウォータープルーフ」「水に強い」といった言葉で表現してきました。統一の測定方法や基準がなかったことから、**日本化粧品工業会（粧工会）がISO（国際標準化機構）の紫外線防止効果と耐水性に関する国際規格ISO 18861に基づき測定を行い、自主基準を定め実施**に至りました。

　耐水性の評価は2段階で☆（または★）の数で表示。「UV耐水性☆」は合計40分（20分×2回）水に浸かったときのSPFの値を計測。水に浸かる前の50％以上維持されていることを示します。その上の評価となる「UV耐水性☆☆」は、80分（20分×4回）でSPFが水に浸かる前の50％維持されていることを示します。

　沢遊びやクルージングなど「水に触れる」シーンでは「UV耐水性☆」、プール遊びや海水浴など「水に浸かる」シーンでは「UV耐水性☆☆」で使い分けることで、紫外線から肌を守ることができます。

シーン別UV耐水性の目安

UV耐水性表示	シーン
UV耐水性☆ （または★）	水に触れる ・沢遊び、クルージング、洗車、ガーデニングなど
UV耐水性☆☆ （または★★）	水に浸かる ・屋外プール、海水浴、マリンスポーツなど

　ただし「**UV耐水性**」は肌の外部から付着する水分に対する「**SPFの保持率**」の評価であり、**汗による落ちにくさは評価に含まれていません。**

　大量に汗をかき、タオルやハンカチで肌をこすれば、日焼け止めは落ちやすくなり効果が下がります。SPF、PA、そしてUV耐水性の表示にかかわらず、2時間から3時間を目安に、こまめに塗り直すことが大切です。

化粧品成分の安全性を考える

急性毒性と化粧品成分の安全性に関する誤解

「この化粧品には急性毒性が高い成分が配合されているから良くない」「この化粧品成分は急性毒性が低いので安全」など、急性毒性という言葉で化粧品成分の安全性を解説している事例が古くから見られますが、これは適切ではありません。

●急性毒性は一気に食べたときの毒性値で肌とは無関係

　一般に急性毒性と言うと「経口急性毒性の半数致死量」のこと、つまり一気にどれだけ食べたら半数以上の人が死に至るか、という値です。重要なのはこれはいわゆる「一気食い」の危険性を示す値で、少量を長期間食べた場合の危険性とは関係ありませんし、ましてや食べることと関係ない肌に塗る場合の安全性とはまったく無関係だということです。

　しかし、『毒性』という文字のインパクトがあまりに強すぎて「経口」や「急性」という文字の意味を考えることができず、珍妙な解説を信じてしまう消費者が多いようです。

　さて、肌に塗って良いか悪いかを経口急性毒性で説明することが、どれだけおかしな話なのかをいくつかの事例から見てみましょう。

成分名	経口急性毒性値
メチルパラベン	8,000mg/kg
エタノール	7,000mg/kg
イソプロピルメチルフェノール	6,280mg/kg
トリクロサン	3,700mg/kg
エチルパラベン	3,000mg/kg
フェノキシエタノール	2,900mg/kg
サリチル酸	1,100mg/kg

たとえば前ページのようなデータを示して、経口急性毒性と皮膚刺激性の関係をまことしやかに論じている例があります。

表の「サリチル酸」を例に見てみましょう。経口急性毒性値の項目にある1,100mg/kgという値は、体重1kgあたり1,100mgの量を食べたらという意味です。体重60kgの人なら66,000mg（＝66g）を一気に食べると半数の人が死に至るであろうことを示します。つまりこの値が小さければ小さいほど毒性は高いことになります。

● **急性毒性が低いからといって肌に安心とは限らない**

こういった表を見せて「フェノキシエタノールは急性毒性が高いから肌に良くない成分」だとか「メチルパラベンは急性毒性が低いのでさほど悪くない成分です」といった解説をしている人がいます。表に記載されている数値に間違いはないので、論理的思考に慣れていない人には、この話のどこがおかしいのか気づくことは難しいかもしれません。しかし、この表に身近ないくつかの成分をあてはめてみると気づきやすくなります。

たとえば、食塩の急性毒性値（ヒト推定致死量）は750〜3000mg/kg（公益財団法人日本中毒情報センター）です。

前ページの表に出てくる成分と比べると非常に急性毒性が高いことがわかります。では、食塩は肌に良くない成分なのでしょうか？　入浴剤やバスソルトには食塩が配合されているものがありますが、これで肌状態が悪化する人はほとんどいません。塩アメをなめたりスポーツドリンクを飲んで、くちびるが荒れてしまう人もほとんどいません。急性毒性が高い成分は肌に良くないという説明はおかしいことがわかります。

また、山芋をすりおろしたとろろはかなりの量を一気に食べても死に至ることはないので急性毒性は非常に低いと考えられます。では、とろろは肌に良い成分なのでしょうか？　とろろがくちびるの周りや皮

化粧品成分の安全性を考える

膚に付くと多くの人が不快な痒（かゆ）みに苦労します。**急性毒性が低い成分は肌に塗っても安心という説明もおかしいことがわかります。**

　急性毒性が高い成分は肌に良くないという説明も、急性毒性が低い成分は肌に塗っても安心という説明も、辻褄が合わない事例がいろいろあることに気づいたでしょう。

　では、どこがおかしいのでしょうか？　科学として議論するのであれば本来なら、さまざまな成分を「経口急性毒性の高い順に並べた表」と「皮膚刺激性が高い順に並べた表」とを別々に作って並べ、２つの表の成分の並び順に関係があるかどうかを確認するところから始めないといけません。そのような検証をせずに急性毒性の高い順に並べた表を唐突に皮膚刺激性の高い順に並んでいる表だとして説明をしているのが問題なのです。最初からすでに話がすり替わっているのです。

「経口急性毒性」が「どれだけの量を一気に食べたら死んでしまうか」ということを表す数値であることを正しく理解していれば「少量を毎日皮膚に塗ってもいいか」とは本質的に無関係であり、そもそも両者になにか関係があると思うほうがどうかしているとすぐに気づきます。

　しかし専門用語の正しい意味を理解していないと、「毒性」という文字のインパクトが強すぎて、巧妙に取捨選択されたデータを見せられると、矛盾する情報の存在や話のすり替えにも気づくことなく、正しい話だと思い込んでしまいがちです。

●化粧品における急性毒性の安全性情報は「誤飲・誤食」対策

　では、急性毒性が皮膚刺激性と何の関係もないのなら、なぜ化粧品の安全性情報のひとつに急性毒性値が存在しているのでしょうか。

> 「医薬部外品の製造販売承認申請及び化粧品基準改正要請では、従来、誤飲・誤食した場合に急性毒性反応を起こす量や症状等を予測するためにラット又はマウスによる単回投与毒性試験が、原則として強制経口投与で実施されてきた」（令和3［2021］年4月22日薬生薬審

発0422第1号医薬部外品・化粧品の単回投与毒性評価のための複数の安全性データを組み合わせた評価体系に関するガイダンス）

「単回投与毒性試験は、…（略）…ヒトが被験物質を誤飲・誤食した場合に急性毒性反応を起こす量や症状について予測するためのものである」（日本化粧品技術者会編『化粧品事典』）

💡 Essential Point!

　このように、急性毒性値とは「一気食いのリスク」を表す数値です。つまり、誤飲・誤食しても死ぬことはないのか、誤飲・誤食した場合に希釈や胃洗浄が必要なのかなど、化粧品を**誤飲・誤食したときの対応を考えるための指標が急性毒性値**なのです。そのことを知らないと『毒性』という文字のインパクトがありすぎて意味不明な解説に振りまわされることになります。

　急性毒性に限らず、インパクトのある数値や映像を示して、それに関係ない解説を加えることで（間違った解説を間違っていると判断できる知識がない）消費者に無用な不安を与え、自身の商売を有利にする宣伝手法は古くからあります。

　かつては情報発信にはそれなりの資金が必要だったため、こういった手法はごく限られた範囲でしか行われていませんでしたが、インターネットの普及により誰でも簡単に情報発信が可能になったため、状況はかつてと比べて極めて悪化しています。業界団体や厚生労働省はこのような解説と称する誤った情報発信をできないよう規制・ルールを強化していますが、最後はどうしてもモラルの問題に行きついてしまい、抜本的な解決は難しいでしょう。

　今後は情報の受け手によりいっそう、真偽を見極める能力とそのための高い知識が必要になってきます。本書には、一昔前であれば化粧品技術者が読む専門書にしか書いていないような難しい内容が多く含まれていますが、真偽不明な情報があふれかえる時代に自分に合った化粧品選びをするためにも、ぜひ本書での学びを活かしてください。

発がんリスクと化粧品成分の安全性
IARCリストの見かた

　国連の関連組織である**国際がん研究機関（IARC）**が、世の中のさまざまな物質や生活習慣と発がん性との関係をまとめた「**発がん性リスク一覧**」を作成しています。

　このリストの中に、洗浄剤と増粘剤の一石二鳥の成分としてシャンプーでよく使われる**コカミドDEA**（Coconut oil diethanolamine condensate）が掲載されています。これをもとに「大手化粧品メーカーのシャンプーには発がん物質が使われていて危険です」といった情報が飛び交っています。

　情報そのものは信頼できる機関が作成しているリストに載っているので、正しい情報です。その情報をもとにした解説なので、そのまま信じたくなるのはもっともなのですが、**IARCのリストが「何を分類しているのか」**と、**IARCのリストに「他に何が掲載されているか全体をながめてみる」**と、同じ情報でも見え方が違ってくると思います。

●IARCのリストは発がん性との関係性を分類したもの

　IARCはさまざまな化学物質や日用品、生活習慣などが発がん性と、どの程度「関係性」があるかを次の4つに分類して公表しています。

IARCによる発がん性の分類

グループ1	ヒトに対して発がん性がある。
グループ2A	ヒトに対しておそらく発がん性がある。
グループ2B	ヒトに対して発がん性がある可能性がある。
グループ3	ヒトに対する発がん性について分類することができない。

　発がん性の強弱ではなく、発がん性と関係があるかないかで分類しています。このことはIARCのリストの意味を理解するためにとても重要なことです。

さて、本書執筆時点（2024年10月現在）の発がん性リスク一覧から、コカミドDEAだけでなく他にもわたしたちの身近な物質や生活習慣を抜き出してみましょう。

グループ1	飲酒、喫煙、太陽光、排気ガス、ベンゾピレン、塗装の仕事、消防士
グループ2A	65℃以上の飲み物、理美容の仕事、シフト制勤務
グループ2B	**アジア伝統の野菜の漬物、印刷業、クリーニング業、アロエベラ葉エキス、イチョウ葉エキス、酸化チタン、コカミドDEA**

注）発がん性リスク一覧は常に更新されているので、最新情報はIARCのホームページでご確認ください。

飲酒は肝臓ガン、喫煙や排気ガスは肺がん、太陽光（主に紫外線）は皮膚がんのリスクを高めるといったように、現代では飲酒、喫煙、太陽光、排気ガスはがんの発症と「極めて深い関係がある」ことを否定する人は皆無です。これがグループ1（ヒトに対して発がん性がある）です。発がん性との「関係が極めて深い」ことを意味していて、ちょっとでも摂取したらがんになるとか発がん性の強さを意味しているものではないことを思い出してください。

グループ2Aを見ましょう。65℃以上の飲み物は喉の粘膜に刺激を与えるので咽頭癌などの発症と「おそらく関係がある」と分類されています。理美容の仕事では、カラーリングやパーマで過酸化水素水や水酸化ナトリウムのような刺激の強い薬剤を触れたり吸い込んだりする可能性が高いです。そのため理美容の仕事はがんの発症と「おそらく関係がある」と分類されたと思われます。シフト制勤務は規則正しい生活ができないため、免疫力の低下が起きやすく、がんの発症と「おそらく関係がある」と分類されたと思われます。

さて問題となっている**グループ2B**を見てみましょう。2Aと同じように、刺激の強い食品や刺激の強い薬剤に日常的に触れる仕事がいくつも挙がっています。グループ2Aと違うのは動物実験などで発がんとの関係が指摘されているものの、**ヒトに関しては発がん性と関係があるのか確証がない**という点です。

コカミドDEA以外でも化粧品でよく使われるアロエベラ葉エキス、イチョウ葉エキス、酸化チタンなどもここに登場しています。

●成分の知識や肌感覚がないから感じる不必要な恐怖

IARCのリストが「何を分類しているのか」を理解して、IARCのリスト「全体をながめてみる」ことができましたか。「熱いお茶やホットコーヒーは発がん物質です。飲んだらがんで死にます」と言う人はほとんどいません。排気ガスがただよう街中で太陽の光を浴びながら走る市民マラソンの参加者が、太陽光や排気ガスが原因で次々がんを発症したなどという話も聞きません。

多くの人は、飲酒や太陽光、排気ガス、ホットドリンク、不規則な生活がそのままがんの発症につながるとは考えません。暴露量が増えると徐々に確率が上がる、どれくらいの量でがんになるかの境目は確率の問題であり個人差も大きくはっきりしない、とこういったリスクと暴露量の関係を知識や肌感覚としてわかっています。だから太陽光や飲酒やホットコーヒーを「発がん物質だ」と言われても不必要な恐怖は感じません。それぞれのメリットを考慮して適度にお付き合いしています。

しかし化粧品の成分となると、コカミドDEAがどんな商品にどれくらいの量が入っていてどれだけの人が使用し、それによってがんになった人がどれほどいるのかといった知識どころか肌感覚がないため、どれくらいが適度なお付き合いなのかまったくわからず不必要な恐怖を感じるのでしょう。

成分のことを知ってると知らないとでは感じ方が大きく変わる例をもうひとつ紹介します。P.119の表のグループ1に「ベンゾピレン」という化学物質が載っています。この化合物は動植物など有機物を焼いた時に生じる煙や焦げに多く含まれています。パンやごはんの焦げを食べるとがんになるという話を聞いたことがある人もいると思います。ここで注目してほしいのは「鰹節」です。鰹節は製造段階で魚を燻すことから、煙の成分であるベンゾピレンを多く含みます。さて日本人は非常に古くから鰹節を食していますが「あの人はお味噌汁、おひたし、冷奴……と鰹節を使った料理を毎日のように食べていたか

ら、そりゃがんになるよね」とか「お隣の旦那さん、昔から鰹節をよく食べてたからがんになったんだな」といった話はほぼ聞いたことがないでしょう。この肌感覚があるから、鰹節は太陽光や飲酒と同様に、普通の生活で摂取してる分には怖いものではないとわかるので、鰹節を発がん性食品だと思っている日本人はほとんどいません。

ところが欧州では鰹節を食する文化がないため、鰹節は輸入禁止になっています。資料「かつお節製品の輸出の現状及び規制について」（2020年8月農林水産省食料産業局）によると、国産の鰹節には平均24μg/kgのベンゾピレンが含まれていることが報告されています。欧州の食品安全基準ではベンゾピレンの上限は5μg/kgなので、日本の鰹節は欧州の食品安全基準を大幅に上回るベンゾピレンを含んでいるのです。ほとんどの日本人にとっては発がん性食品だなんて思ったことがない鰹節も、欧州の人にとっては極めて高濃度の発がん物質を含有した恐ろしいものにしか見えないようです。

このように、IARCのリストが何を分類しているのか、他にどんなものがリストアップされているか全体像を知ってから、あらためて「コカミドDEAは発がん物質です。コカミドDEAを配合したシャンプーは発がんシャンプーです」という解説を読むと、それまでとは違って見えてくる人も多いのではないかと思います。

Essential Point!

情報が正しいからといって、その情報の解説まで正しいとは限りません。 それぞれ人の育った環境や文化、その人の知識量などによって情報の解釈や感じ方はまちまちです。**コカミドDEAが発がん性リスク一覧に掲載されている発がん物質だからといって、それを配合したシャンプーを怖れるのも、気にしないのも、どちらの解釈も間違いではありません。**

ただ、知識があれば不必要に恐れを抱いたり、逆に本当に怖いものを大丈夫だと思い込むことが少なくなり、自分の価値観に基づいて避けるべき成分、避ける必要のない成分を判断し、より自分基準の化粧品選びができます。

シリコーンは何が良くないのか？
世間にはびこる誤情報

　毛髪を摩擦やドライヤーの熱などのダメージから保護するために、ツバキ種子油（ツバキ油）、ヒマシ油などの油脂を塗布するヘアケア化粧品が古くから使われています。しかし、これらの油はギラつく、ベタつくといったネガティブな印象で敬遠する人もいます。

●「シリコーン」は高い毛髪保護性能を持つ成分

　撥水性が高く毛髪保護性に優れつつも、古くから毛髪保護用に使われている油のようなギラつきやベタつきが非常に少ない「シリコーン」が開発されたことで、**毛髪保護製品は選ぶ楽しさが大きく広がりました。**

　その一方で、毛髪保護用油剤としてシリコーンの活用が一般化した2010年ごろから「シリコーンは良くない」という言説が広がって「ノンシリコン」という商品カテゴリが生まれました。しかし、シリコーンのいったい「何が」良くないなのか、その肝心な部分が抜け落ちていたり、間違っている解説が広まっていて、せっかくの選ぶ楽しみが不必要に窮屈なものになってしまいました。

　シリコーンの何が良くないのか？　その言説が広まった理由を考えてみましょう。

　古くから毛髪保護用に使用されている油（炭化水素、ワックス、油脂など）は、主に炭素原子（C）と水素原子（H）から構成される炭化水素構造が分子の骨格を構成しています。それに対してシリコーンはケイ素原子（Si）と酸素原子（O）が繰り返されるシロキサン構造が分子の骨格を構成しています。

　そのため、**シリコーンは水と混ざらないだけでなく一般的な油とも混ざりにくい**という性質があります。撥水性だけでなく撥油性もあることから、**水や油などさまざまなタイプの汚れから毛髪を保護することができるのがシリコーンの特徴**です。また、すべり性に優れているためクシ通りが良く摩擦などの物理的刺激からの保護にも優れています。さらに毛髪保護に優れた特徴

を持つシリコーンを最大限活かすために、シロキサン構造に毛髪への付着性が高いアミノ基という構造を結合させた「アモジメチコン」という毛髪保護用に特化したシリコーンも開発されています。シリコーンの多くは光沢があまり強くないマットな外観になりやすいので、そういった見た目を好む場合にも良い選択肢になります。

● 「シリコーンは良くない」は染毛やパーマ時の注意

　このように水、油、摩擦などから毛髪を保護する高い性能を持ったシリコーンですが、その保護効果の高さが裏目にでる場面があります。

　染毛やパーマです。染毛ではメラニンを分解して毛髪の色を薄くする脱色剤と色の薄くなった毛髪に好みの色をつける染料といった薬剤を毛髪内部へ染み込ませる必要がありますし、パーマでは毛髪内部の結合をいったん切り離し、ゆるゆるな状態にするパーマ剤を毛髪内部へ染み込ませる必要があります。ところがシリコーンで強力に保護された毛髪には、このような薬剤が内部に浸透しにくくなり、カラーリングがうまくいかなかったりパーマがかかりにくくなるという問題が起きるのです。

　美容師を中心に**シリコーンでしっかりトリートメントされた髪は薬剤が浸透しにくいのでカラーリングやパーマをするときには良くない**という理解が進み、お客さまにもそのような説明をすることが増えたのは良いのですが、**話を受け取った人の記憶には「良くない」だけが残って、肝心な理由が抜け落ちたまま情報がひとり歩き**し、そこに根拠のない尾ひれがついて広まってしまいました。

　インターネットでシリコーンが良くない理由として挙がっている間違いをいくつか検証してみましょう。

> **誤った情報①：コーティングされて髪に栄養が届かない**→栄養を届けるのは血液の仕事です。表面は関係ありません。それより何より毛髪はケラチンを多く含む死んだ細胞で構成された組織です。生きた組織ではないのでそもそも栄養は不要です。

> **誤った情報②：コーディングされて髪が呼吸できない**→毛髪は死んだ細胞のタンパク質が組織化して塊になっているものなので、酸素も不要です。毛髪は生きた組織ではないので栄養も酸素も不要です。それらを届ける血管が通っていないことからもわかります。

> **誤った情報③：毛穴をふさいで毛根に酸素や栄養が届かない**→細胞に酸素や栄養を届けるのは血液の仕事です。毛穴が何かでふさがれてもほぼ影響はありません。また、シリコーンは高酸素透過性コンタクトレンズの材料にも使われているくらい酸素をよく通す素材です。従来の油の方がよほど酸素を透過しにくいです。

🔍 Essential Point❗

　パーマや染毛をする前は毛髪保護力に優れた商品の塗布は控えた方がいいでしょうというのが「シリコーンは良くない」の理由です。パーマや染毛をしないなら、毛髪表面のツヤや滑らかさの好みやご自身の体質によって塗布するものを選んでください。

「あれは良くない、これは危険」というと単純でわかりやすいですけれど、正しくない話に振りまわされると、楽しいはずの化粧品選びが窮屈になってしまいます。

注）**シリコンとシリコーンの違い：**「シリコン」（silicon）は半導体の原料としても有名な「ケイ素」のことで、ケイ素原子と酸素原子の繰り返し構造（シロキサン構造）を持つ化合物の総称は「シリコーン」（silicone）です。つまり「ノンシリコーン」が正しい表現なのですが、なぜか「ノンシリコン」との表現が多く見られます。

低刺激化粧品は本当に低刺激？
自分基準で考える大切さ

かぶれたり、肌荒れを起こしたり、化粧品が自分の肌に合わなかった経験のある人は「低刺激」「敏感肌用」をうたう化粧品を求めることも多いでしょう。しかし、**何をもって低刺激とするかは化粧品を作る側と化粧品を使う側で考え方が異なります。**

●「低刺激」でもすべての人の肌に合うとは限らない

化粧品を作る側は、パッチテスト、スティンギングテスト、累積刺激・感作性試験（アレルギーテスト）などの合理的根拠に基づいて、できるだけ多くの人に不快な刺激にならないことを、当社従来品比などの基準によって「低刺激」と考えます。

どの化粧品メーカーも（法律や業界ルールを守っているなら）なんらかの合理的根拠に基づいて低刺激としているので、こういった化粧品が肌に合う可能性はあります。しかし、**低刺激をうたっている化粧品だからといって、必ずしも自分の肌に合うとは限りません。**多くの人にトラブルが出ない実績のある成分や成分の組み合わせを使っていても、人によってはそれが肌に合わないこともあります。

化粧品を使う側にとって**重要なのは、「自分は」何に刺激を感じるのか、何が肌に合わないのか、**です。他の多くの人には刺激とならない成分でも自分の肌には刺激を感じるのであれば、たとえ低刺激をうたう化粧品であっても、自分の肌には合わない可能性があります。

化粧品を作る側は消費者の最大公約数を見ています。そのため、低刺激や敏感肌用といった表現は、行き過ぎると効能効果または安全性など事実に反する認識を与えることになります。そのため「すべての人に肌トラブルが起こらないというわけではありません」のようなデメリット表示を必ず併記することにしています。

インターネットなどで見られる化粧品成分の解説と称するコンテンツも化粧品メーカーと同じく一般論を解説しているだけです。そもそも**化粧品は安心・安全であることが前提**ですから、低刺激というのは安心・安全な中のさらに安心・安全という小さな違いを追い求めている商品です。低刺激をうたう化粧品とそうでない化粧品との間に劇的な違いがあるわけでもありません。そのような小さな違いに着目して、多くの人にとって低刺激である化粧品だからといっても、それが必ずしも自分にとっても低刺激であるとは限らないのです。

●自分の肌に合うか合わないかが化粧品選びの基準

「○○という成分は刺激が出やすい」とか「○○という化粧品には○○が配合されているので刺激になる可能性がある」といった一般論は、化粧品を作る側にとって重要な情報ですが、化粧品を使う側にとって重要なのは、自分の肌に合うかどうかです。**多くの消費者に刺激が出やすくても、自分にとっては何の問題もない成分であれば避ける必要はないですし、多くの消費者が不快な刺激を感じない成分でも、自分にとっては肌に合わない成分であれば避けるべき**です。

化粧品成分を学ぶことは、どの成分が良い悪いといった答えを教えてもらうものではありません。自分の肌に合う化粧品を見つけることができる知識と考え方を身につけることです。

Chapter 6

もっと知りたい！
化粧品成分
Q&A

情報に
惑わされない
ために
知識を深めよう

インターネットの発達とともにたくさんの情報が飛び交い、

化粧品に関しても、さまざまな説がひとり歩きしています。

よく耳にする、目にするというだけで、

それが「正しい」と思ってしまうこともありますし、

全部が疑わしく思えてしまうことも……。

化粧品の定義や成分の本質を知ることこそが、

情報に振り回されないための確実な手段。

この章ではQ&Aの形で、化粧品と化粧品成分に関して

誤解を生みやすい、いくつかの説を検証していきます。

 化粧品に
効果はない？

化粧品には法律で定められた
効果がなければいけない

「化粧品には効果がない」という話を耳にしますが、これは適切な表現ではありません。

化粧品には効果があります。

さらに言えば、化粧品には効果がなければいけません。

医薬品医療機器等法で「『化粧品』とは、人の身体を清潔にし、美化し、魅力を増し、容貌を変え、又は皮膚若しくは毛髪を健やかに保つために、身体に塗擦、散布その他これらに類似する方法で使用されることが目的とされている物で、人体に対する作用が緩和なものをいう。」と定められています。

法律では「清潔にする」「美化する」「魅力を増す」「容貌を変える」「皮膚や毛髪を健やかに保つ」といった効果があるものを化粧品の条件としています。

そして、法律で定められた化粧品の効果を具体的に表現したのが「**化粧品の効能の範囲**」です。この通知で「頭皮、毛髪を清浄にする」「肌のキメを整える」「肌にはりを与える」「爪を保護する」「口唇の乾燥によるカサツキを防ぐ」「歯垢を除去する（使用時にブラッシングを行う歯みがき類）」「乾燥による小ジワを目立たなくする」……など**56項目の『効能』**が挙げられています。

このように、**化粧品にはれっきとした効能・効果があります。**ではなぜ「化粧品には効果がない」と言う人がいるのでしょう。

法律で化粧品とは「清潔にする」「美化する」「魅力を増す」「容貌を変える」「皮膚や毛髪を健やかに保つ」といった効果を持つものであると定められています。いずれの効果もない物品を化粧品と称して販売すれば、化粧

品の条件を満たしていない物品を、化粧品と偽って販売したことになり、医薬医療機器等法に抵触。法律違反となります。

その一方で、もうひとつ重要なのは、化粧品の効果ではない効果を持つ物品を化粧品と称して販売することも、これまた化粧品でない物品を化粧品と偽って販売したとして法律違反になるということです。

たとえば「がんが治る」とか「筋肉痛に効く」「殺菌ができる」「メラニンの生成を抑える」「シワを改善する」など、化粧品の効能の範囲にない効果がある物品を化粧品と称して販売することもまた法律違反です。

整理すると
①法律で定められた化粧品の効果のいずれもない物品を化粧品と称して販売してはいけない。
②法律で定められた化粧品の効果以外の効果がある物品を化粧品と称して販売してはいけない。

となります。

化粧品には効果がないという解説のほとんどが②のことを言っています。たとえば「実は化粧品に肌荒れ改善効果はないんです」とか「実は化粧品に美白効果はないんです」「実は化粧品にシワ改善効果はないんです」など。

しかし、もともと法律で定められた化粧品の効能の範囲にそのような効能・効果はないのですから、化粧品にそれらの効能・効果がないのは当然のことです。それどころか**56項目以外の効能・効果を発揮するものを化粧品と称して販売したら、化粧品でないものを化粧品と偽って販売したとして法律違反**になります。

きわめて当たり前のことなのですが、そんな当たり前のことでも、法律を正しく学んでない人には、驚くべき事実のように聞こえてしまうのでしょう。

「化粧品には効果がない」という解説は「空を飛ぶような走りを体感できます」という自動車の宣伝に対して「実は自動車は空を飛べないんです」と解説す

もっと知りたい！ 化粧品成分Q&A

るようなものです。

　どんな走りなのかやどのような思いでその自動車を設計したのかを"飛ぶような"という言葉で伝えているだけで、"飛ぶ"とは言っていません。

　化粧品においてもきちんと**法律を守って宣伝活動をしているメーカーの広告を見れば、このあたりのことについて慎重に検討した言葉遣いになっている**ことがわかります。

	効能効果の主体	効能効果の種類	宣伝と成分の関係
医薬部外品	有効成分	有効成分ごとにさまざまな効能効果があり、肌荒れ改善、美白、抗シワ、殺菌、血行促進などいろいろある。	**効能効果を宣伝** 有効成分の持つ効能・効果を前面に出して宣伝することが多い。
化粧品	製品全体	通知で定められている56項目。	**イメージを宣伝** 効能効果の種類が限られているので、美容成分を使って商品の特徴やイメージを宣伝することが多い。

　かなり基本的な知識ですが法律の話は難しいからと学習を敬遠してしまい、ネット等でまことしやかに語られる間違った解説を信じてしまう人が多いのが現実です。法律の話はハードルが高く感じますが、正しく理解すれば不確かな解説に右往左往することなく、より楽しく化粧品選びができるようになります。

化粧品成分は浸透しない？

 「浸透」という言葉の使い方が誤解を生む原因

「化粧品は浸透しません」「法律で化粧品は浸透してはいけないことになっている」という解説を耳にしますが、適切な説明ではありません。

【医薬品医療機器等法における化粧品の定義】

「化粧品」とは、人の身体を清潔にし、美化し、魅力を増し、容貌を変え、又は皮膚若しくは毛髪を健やかに保つために、身体に塗擦、散布その他これらに類似する方法で使用されることが目的とされている物で、人体に対する作用が緩和なものをいう。

　上記のように、**法律における化粧品の定義には、成分が角層（角質、角質層ともいう）を越えて浸透するかどうかは書かれていません**。「法律で化粧品は浸透してはいけないことになっている」という話は、おそらく法律における化粧品の定義、特に効能の範囲から導き出される「広告表現のルール」を、「浸透性の制限」と勘違いしていると思われます。

　化粧品の効能の範囲は
①頭皮、毛髪を清浄にする。
②香りにより毛髪、頭皮の不快臭を抑える。
③頭皮、毛髪を健やかに保つ。
④毛髪にはり、こしを与える。
⑤頭皮、毛髪にうるおいを与える。　……など

通知で定められている56項目の化粧品の効能はどれも皮膚・毛髪・爪などの「表面」で起こるものばかりです。ですからもし化粧品の効能を説明する際に「Aという成分が皮膚内部に浸透し……」と書いたら、その続きの説明は化粧品の効能の範囲を外れてしまいます。化粧品の効能を逸脱した効能を広告したらその時点でそれは化粧品ではなくなり、化粧品ではないものを化粧品と偽って販売したとして法律違反になります。

　つまり

①化粧品の効能はどれも表面で起こることばかりなので、化粧品の効能効果の説明に「浸透するという言葉を使う必要がない」。	◯
②効能効果の説明に浸透するという言葉を使うと、必然的に化粧品の効能の範囲を超えてしまうので「浸透するという言葉を使ってはいけない」。	◯
③化粧品成分は浸透してはいけないと法律で決まっている。	✕
④化粧品成分は浸透しない。	✕

　正しい説明は①と②です。③と④は話が飛躍しています。化粧品の効能を説明するのに、浸透という言葉を使うと化粧品の効能の範囲から外れてしまい化粧品ではなくなってしまうという「言葉の使い方」「表現のしかた」の問題が、どこかで実際に浸透するかどうかという科学や法律の問題にすり替わって、「化粧品成分は浸透しない」なぜなら「法律で浸透してはいけないことになっている」という間違った解説が生まれているのでしょう。

　実際には化粧品成分が角層を越えて皮膚内部へ浸透していることが簡単にわかる例は身近に多数あります。

【化粧品成分が角層を越えて浸透している例】

・お風呂で湯船に浸かっていると多量の水が皮膚に浸透してふやけます。

・化粧品を塗ってまれにアレルギー反応が現れるのは、アレルギーの原因となる成分が角層を越えて皮膚内部に侵入するからです。角層は死んだ細胞でできているので、成分が表面にとどまっていればアレルギー反応は起きません。

・筋肉痛を治す塗り薬の消炎効果が実感できるのは、抗炎症成分が角層を越えて浸透しているからです。医薬品の抗炎症剤として有名なグリチルリチン酸ジカリウムは化粧品でもよく使われています。抗炎症成分自身に医薬品に配合されているのか化粧品に配合されているのかを考えて皮膚浸透性を切り替えるような判断能力などあるはずがないので、医薬品に配合されていようが化粧品に配合されていようが浸透するものは浸透します。化粧品に配合されている抗炎症剤で効能効果が実感できないのは浸透しないからではなく、化粧品の効能効果の範囲を越えないように法律で配合上限が定められているからです。医薬品効果が現れない量しか配合されていないからで、浸透しないからではありません。

　角化細胞や細胞間脂質に浸透するだけでなく、皮膚には水や水に溶けているものが出入りする汗腺という大きな通路や、油や油に溶けているものが出入りする皮脂腺という大きな通路もあります。親水性の成分でも油溶性の成分でも、化粧品成分でもそうでない成分でも、さまざまな成分が角層を越えて出入りします。

　法律や通知は、化粧品成分が実際に皮膚に浸透するかしないかは問題にしていません。**浸透することを効能効果と結びつけてはいけない**としているのです（両者を結びつけると効能効果が化粧品の範囲を外れてしまうから）。

　法律の話は難しいからと学習を敬遠せず、正しい知識を身につければ、不確かな解説に惑わされることはなくなるはずです。

Q 美容成分は少量しか入っていない？

A 美容成分が配合されていなくても効能はあり、配合量と機能は比例しない

「化粧品には美容成分が少ししか入っていない」という解説が見られます。「少ししか」という表現はかなりあいまいですが、ほとんどの場合キリのいい「1％」より少ないことを「少し」と捉えているようです。

美容成分の配合量が1％以下であることが多いのはおおむね間違いありません。ただし、ほとんどの場合、この解説の後には直接的であれ間接的であれ「だから化粧品には効果がない」とか「だから化粧品は使っても意味はない」といった結論が続きますが、これはおかしな話です。

「美容成分が1％以下である」という事実と「化粧品は効果がない」という結論の間には論理の飛躍があることに気づきましたか？

ふたつの観点があります。

ひとつめは、美容成分があってもなくても化粧品には効能があるという事実です。

日本の法律では「清潔にする」「美化する」「魅力を増す」「容貌を変える」「皮膚や毛髪を健やかに保つ」といった効能を持っているものが化粧品と定義されています。

いずれの効能もない物品を化粧品と称して販売すると医薬品医療機器等法違反になります。つまり、化粧品であるからには化粧品の効能があるのです。そこに美容成分があるかないかは関係ありません。なぜなら**化粧品は製品全体で効能を発揮するものです。特定の成分があるかどうかや、それがどれくらいの量が配合されているかは関係ありません。**

ちなみに「Aという成分をB％配合することでEという効能を発揮する（特定

の成分を特定の量配合したら特定の効果を発揮する)」のは医薬部外品です。

ふたつめは、1%以下の成分は何の効果も発揮しないという誤った思い込みです。

化粧品に配合される成分で配合量が1%以下である代表例としては植物エキス類やヒアルロン酸類、セラミドなど美容成分と呼ばれる成分や、界面活性剤、増粘剤、酸化防止剤、キレート剤、防腐剤など品質保持剤と呼ばれる成分、それに香料や着色剤などさまざまあります。

香料も着色剤も1%に満たないほんのわずかな量を配合するだけで、すてきな香りや美しい見た目の化粧品になりますし、化粧品に配合が認められている防腐剤リスト(化粧品基準別表第3)において、各防腐剤に設定されている防腐効果が十分に発揮される配合量はどれも1%以下です。ヒアルロン酸Naも0.1%前後の配合量で塗布したときに、柔らかさやしっとり感が発揮されます。**1%以下の配合量で十分機能を発揮する成分はたくさんあり、少ししか入ってない成分は機能しないという思い込みは誤り**です。

実際に、防腐剤無添加や無香料、合成ポリマー不使用などのコンセプトは、これらの成分が何かしら作用(一般的には良くない作用)を発揮しているという前提になっています。美容成分は1%以下だから作用しないという話と、品質保持剤は1%以下で作用しているという話は矛盾します。

つまり「化粧品には効能がない」と言いたいがために、もっともらしい理由として「美容成分が1%以下だから」と言っているのです。そして、さまざまな成分が1%以下で十分効果を発揮している事実には意図的に触れないことで「美容成分が少ししか入ってないから化粧品は効かない」という説に根拠がないことに気づかれないようにしているだけです。

化粧品の効能は美容成分の有無とは無関係ですし、配合量が1%以下の化粧品成分は機能しないというのも誤った情報です。化粧品は何をしてくれるもの(化粧品の効能の範囲)で、何を楽しむもの(美容成分が醸し出すイメージ)なのかをきちんと理解することが大切です。

Q 抗酸化成分と酸化防止剤の違いは？

A 肌を酸化から守るのが「抗酸化成分」、化粧品を酸化から守るのが「酸化防止剤」

　何かが酸素と反応することを「酸化」と言います。
　たとえば、鉄が酸素と反応してサビに変化する現象も酸化で、このとき発生する熱エネルギーを使ったのが使い捨てカイロです。
　細胞の中で栄養と酸素が反応する現象も酸化で、このときに発生するエネルギーでわたしたちは生きています。酸素はいろいろな物質と反応して（いろいろな物質を酸化して）それを別の物質に変えます。
　ただし、良いことばかりではありません。肌のはりや弾力に重要な役割を果たしているコラーゲンやエラスチンといった成分が酸化してしまうことで、肌のはりや弾力が低下することも知られています。鉄が酸化してサビになることになぞらえて「肌サビ」なんて造語もあるようです。

抗酸化成分

　肌のコラーゲンやエラスチンを酸化から守りたい場合、コラーゲンやエラスチンよりももっと酸化しやすい成分を用意します。すると酸素はその成分と優先的に反応し、結果としてその成分がすべて酸化されてしまうまでコラーゲンやエラスチンは酸化から守られます。これが抗酸化成分です。
　化粧品で使われる抗酸化成分は「守りたい成分よりも酸化しやすい」という条件のほか、「酸化される前の成分も酸化された後の成分も安全である」「酸化される前も後も変な臭いがしない」「酸化される前も後もできれば大きな色の変化がない」「同じ安全性、同じ性能なら少々高価でもイメージの良い成分」といった条件を満たす必要があります。

==**抗酸化成分の条件を満たし化粧品でよく使われる成分**==

　また、抗酸化成分として有名なビタミンEを豊富に含んでいるコメヌカ油やアルガニアスピノサ核油（アルガンオイル）といった油脂も、抗酸化成分として紹介されることがあります。

　コラーゲンやエラスチンを酸化による劣化から守ること、肌のはりや弾力を維持することにつながることから、**抗酸化成分をエイジングケア成分と呼ぶこともあります。**

酸化防止剤

　化粧品に配合している成分を酸化から守りたい場合、その成分よりももっと酸化しやすい成分を用意します。すると酸素はその成分と優先的に反応し、結果としてその成分がすべて酸化されてしまうまで、化粧品に配合している酸化から守りたい成分は酸化から守られます。これが酸化防止剤です。

　化粧品で使われる酸化防止剤は「守りたい成分よりも酸化しやすい」という条件のほか、「酸化される前の成分も酸化された後の成分も安全である」「酸化される前も後も変な臭いがしない」「酸化される前も後もできれば大きな色の変化がない」「同じ安全性、同じ性能なら安価で簡単に入手できる成分」といった条件を満たす必要があります。

酸化防止剤の条件を満たし化粧品でよく使われる成分

　では、抗酸化成分と酸化防止剤の違いはどこにあるのでしょうか？
　抗酸化成分という言葉には良い印象を持ち、酸化防止剤という言葉には悪い印象を持っている人が多いと思いますが、両者は**言葉の持つ「印象」が違うだけで本質は同じもの**です。
　肌を酸化から守るために配合したときは「抗酸化成分」、化粧品を酸化から守るために配合したときは「酸化防止剤」という呼び分けが一般的です。

　もっともわかりやすいのがトコフェロール（ビタミンE）です。トコフェロールは、ビタミンEというイメージの良さがありつつ安価で入手しやすいという両者の条件を満たしているため、抗酸化成分として積極的にアピールされることもあるし、酸化防止剤としてひっそり使われることもあります。
　「酸化防止剤のトコフェロールが入ってる化粧品は良くない」と言いながら「抗酸化成分のビタミンEが配合された化粧品が良い」と言う矛盾する話を聞いたことはありませんか？　いえ、矛盾していることにすら気づいていなかったということもあるでしょう。**酸化防止剤は良くない、抗酸化成分は良いというのは、単なる文字の印象を言っているだけ**です。

　成分の良し悪しは個々の成分や成分の組み合わせ、使う人の体質など、さまざまな条件で決まるものです。化粧品成分の正しい知識がないまま、言葉の持つイメージだけに引きずられないように気をつけましょう。

Q ナノサイズはどのくらい小さい？

A 小さいことが、すごく良いとは限らない

もっと知りたい！化粧品成分Q&A

化粧品成分を**ナノカプセルやリポソーム**などの名前で呼ばれる**超微小カプセル**に閉じ込めた化粧品があります。とても小さなカプセルですが実際にどれくらい小さいのでしょうか。

超微小カプセルは一般的に直径50nm（ナノメートル）から100nmほどの大きさです。これを化粧品でよく配合されている成分のいくつかと比べてみると右の図のようになります。

実は、多くの**化粧品成分が超微小カプセルよりも10分の1から100分の1くらいの小さなものであること**がわかります。

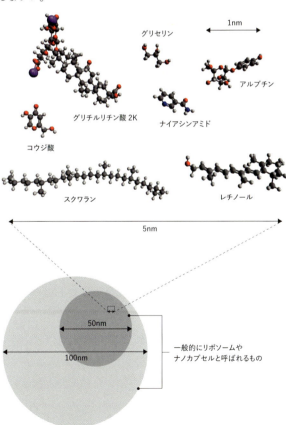

一般的にリポソームやナノカプセルと呼ばれるもの

小さいからすごい、小さければ良いというのであれば、ごく普通の化粧品成分の方がよほどすごくて良い成分になりそうです。
　これは何を意味するのでしょう。
　超微小カプセルの意義を長々と説明しても読んでくれる人は少ないでしょうし、読んでくれても正しく理解してもらえるかどうかもわかりません。
　しかし「ナノテクノロジー」という言葉が一般のニュースでも聞かれるようになったことで、くわしくはわからないけど「ナノ＝すごい」という言葉のイメージが生まれ、超微小カプセルの良さを「ナノ」という極めて短い文字で伝えることができるようになったのです。
　つまり、ナノサイズだから良いのではなく、良いものがたまたまナノサイズだったということです。裏を返せば**ナノサイズだからといって良いものとは限らないし、ナノサイズでなくても良いものはあります**。

オールインワン化粧品とシリーズ使いはどちらが良い？

食事と同様に化粧品も「そのときの気分」で選び楽しむもの

　オールインワン化粧品とシリーズ使いのどちらが良いのでしょう。

　これはよくある質問です。

　情報発信者の背景にある商業的要望に沿ってオールインワン化粧品が良いという情報もあれば、シリーズ使いが良いという情報もあるのでわかりにくくなっています。

　この話はわたしたちにとって化粧、とりわけスキンケア化粧品の役割を理解するとわかりやすくなり、自分にはどちらが良いのかシチュエーションで決められるようになると思います。

　食品と化粧品を対比しながら考えてみましょう。

　わたしたちにとって、食事とは生きるために必要な栄養を摂取することが本質的な目的であると同時に、食事という行為そのものを楽しむことも目的になっています。

　だから、わたしたちはときとして「おいしい」という栄養的にはあまり意味がない基準を重視して食品を選ぶことがあるし、それどころかわざわざ栄養価が下がるような調理方法をした食品を食べることもあります。また、栄養とはまったく関係ない盛り付けや食器のデザインを楽しんだりもします。

　わたしたちにとってスキンケアも、**健やかな肌状態を保つことが本質的な目的であると同時に、スキンケアという行為そのものを楽しむことも目的**になっています。

　だから、わたしたちはときに「塗布中の感触や香り、塗布後にふと肌に触

れた時の感触」といった、スキンケア効果にはあまり意味がない基準を重視して化粧品を選んだり、わざわざスキンケア効果が下がるような作り方をした化粧品を使うこともあります。また、スキンケア効果にはまったく関係ない容器の材質やデザインを楽しんだりもします。

　シリーズ使いが良いかオールインワンが良いかは、食事でいえば天丼と天ぷら定食のどちらが良いか、麻婆丼と麻婆定食のどちらが良いかという問題とよく似ています。丼と定食のどちらが良いかは「ゆっくりそれぞれの食材を味わいたい」とか「さっと食事を済ませたい」「トロッとした濃いタレが良い」といった栄養の摂取とは違う「そのときの気分」で決まります。
　栄養摂取の良し悪しだけが良い食事を決める要素ではないからです。栄養摂取だけが目的であれば、必要な栄養素をまとめた栄養剤を食べたり注射する方向に食事が進化していくはずです。でも、そうではない方向に食事は進化しました。

　スキンケア化粧品も同じです。**スキンケア効果の良し悪しだけが、良いスキンケア化粧品を決める要素ではありません。**
　じっくりスキンケアを楽しみたい、急いでいるからササッと済ませたい、また塗りたいと思える心地良い感触や、見るだけで気分が上がるすてきな容器など、オールインワンとシリーズに限らず、どの化粧品が良いかを考えるとき、スキンケア効果だけをもとにしたアドバイスでは決められないことが多いです。**「そのときの気分」や「好み」も化粧品選びの大切な要素**です。
　化粧品は、明確な「治療」という目的に向かって、苦くても痛くても気持ち悪い感触でも使う医薬品とは違います。医薬品のような有効成分による効果だけに注目せず、気分を含めた幅広い視点を選択に活かしましょう。

"化粧品・医薬部外品に関する 法律と業界団体の 自主基準・ガイドラインのまとめ"

化粧品や医薬部外品に関する多くの情報に接するなかで、

正しく理解し判断するための指針となるのが、

国が定めた法律や多くの化粧品メーカーが参加する

業界団体の自主基準やガイドラインです。

ただし、自主基準やガイドラインは、

絶対的なルールではないことに留意する必要があります。

化粧品関連の法律の変遷

1943年（昭和18年）　薬事法の制定

1948年（昭和23年）　新規薬事法の制定

1960年（昭和35年）　薬事法の全面改正

1980年（昭和55年）　表示指定成分の告示

2000年（平成12年）　化粧品基準の告示［2001（平成13）年4月より適用］

2001年（平成13年）　薬事法の規制緩和
　　　　　　　　　　　化粧品の品目ごとの許可制度、表示指定成分の表示が
　　　　　　　　　　　廃止され、全成分表示が義務づけられる

2011年（平成23年）　化粧品効能範囲の改正
　　　　　　　　　　　「乾燥による小ジワを目立たなくする」が追加される

2014年（平成26年）　薬事法の一部改正
　　　　　　　　　　　法律の題名が薬事法から「医薬品、医療機器等の品質、
　　　　　　　　　　　有効性及び安全性の確保に関する法律（医薬品医療機
　　　　　　　　　　　器等法」に変更

国（厚生労働省）が定めるもの

医薬品医療機器等法

正式名称「医薬品、医療機器等の品質、有効性及び安全性の確保等に関する法律」

　薬事法の改正を経て、名称を変更し2014年11月施行。略称として「医薬品医療機器等法」さらに縮めた「薬機法」と呼ぶ場合もあります。

　医薬品、医薬部外品、化粧品、医療機器及び再生医療等製品の品質、有効性及び安全性の確保のための法律。化粧品、医薬部外品に関しては、その定義や効能の範囲、成分規制のほか、製造販売の許可や広告表現の規制、副作用の報告義務などについて定められています。

●化粧品成分の安全性確認

　化粧品基準（平成12［2000］年9月29日厚生省告示第331号）に定められた、配合禁止成分、配合上の制限、配合量等のルールを守るように求めていますが、これら以外の成分については製造販売業者が、安全性を確認した上で化粧品に配合できます。

●化粧品の成分表示

　2001年4月の規制緩和により、国による品目ごとの製造の承認・許可が廃止され、全成分表示が義務づけられています。「化粧品の全成分表示の表示方法等について」（平成13［2001］年3月6日医薬審発第163号）において、『成分の名称は、邦文名で記載し、日本化粧品工業連合会作成の「化粧品の成分表示名称リスト」等を利用することにより、消費者における混乱を防ぐよう留意すること』と明記されています。

●医薬部外品成分の有効性と安全性の確認

　化粧品と異なり、販売には有効成分の有効性と配合成分の安全性の審査があり、製品ごとに厚生労働大臣又は各都道府県の許可・承認が必要となります。申請においては、医薬部外品原料規格（外原規）等の規格書に適合を確認。適合しない原料は「別紙規格」を申請し、安全性の審査を受けます。

〈医薬部外品成分に関係する主な規格書〉

医薬部外品原料規格（外原規）、日本薬局方、食品添加物公定書、日本産業規格

●医薬部外品の成分表示

　製造販売に承認が必要であるため、全成分表示の義務はありませんが、アレルギー反応や刺激が報告された「表示指定成分」の表示が義務づけられています。

● 日本化粧品工業会（粧工会）による主な自主基準・ガイドライン

日本化粧品工業会（JCIA Japan Cosmetic Industry Association）**略称：粧工会**

　1959年に化粧品の製造業者によって設立された業界団体。「日本化粧品工業連合会」として東京、中部・西日本の3地域の工業会で構成されていましたが、2023年に統一団体となり、「日本化粧品工業会（粧工会）」と名称を変更。化粧品工業の発展、国民生活の向上を目的とし、品質・安全管理・基準・認可ほか、環境問題への取り組み等幅広い活動を行っています。

●化粧品成分表示名称リストの作成

　全成分表示に伴う成分表示名称のリスト。各成分は「表示名称」「INCI名」「定義」「成分番号」の各項目で構成されています。新しい成分は、日本化粧品工業会（粧工会）に申請を行い、いくつかの手続きを経てリストに収載されます。ただし、リストには化粧品に配合を認められていない成分も収載されており、安全性や配合の可否とは無関係です。また、リストに収載されていない成分が使われている化粧品もあります。

●医薬部外品の全成分表示

　2006年「医薬部外品の成分表示に係る日本化粧品工業連合会の基本方針」をまとめ、業界の自主基準として表示順等のルールを定めています。

●紫外線防止

　ISO（国際標準化機構）の国際規格であるISO 24444、ISO 24442に基づいたSPFおよびPAの測定法と表示方法。ISO 18861に基づいたUV耐水性の試験法と表示方法

●揮発性シリコーン

揮発性シリコーンを配合した一部の頭髪用化粧品が、ファンヒーターの正常な運転を妨げる場合があるための、揮発性シリコーンの配合自粛と注意表示。

●タール色素

国内で使用が認められている83色素に対して、最新の情報を反映して使用自粛や不純物の管理などのより厳しい自主基準を制定。

●サステナビリティな取り組みのための自主基準

容器包装、環境安全性、人権尊重等の各分野で自主基準を制定。

●微生物

安全な化粧品作りのためISO 17516を採用した微生物汚染の限度値に関する自主基準の制定。

●自然およびオーガニックに係る指数表示

ISO 16128に基づく化粧品の自然およびオーガニックに係る指数表示に関するガイドラインを制定。

〈略称の説明〉

INCI…International Nomenclature of Cosmetic Ingredients
（化粧品原料国際命名法）

INCI名は、米国の化粧品業界団体「PCPC（Personal Care Products Council）」が作成している化粧品の成分名。日本化粧品工業会（粧工会）の「化粧品成分表示名称リスト」には、INCI名が記載されています。

ISO…International Organization for Standardization （国際標準化機構）

スイス・ジュネーブに拠点を置く国際的に通用する規格を制定する機関。ISOが制定した規格をISO規格とし、日本化粧品工業会（粧工会）の自主基準においても、紫外線防止のSPF、PA、UV耐水性の測定法や表示法、微生物の限度値、自然及びオーガニックにかかわる指数表示等に採用されています。

化粧品成分検定エッセンシャル［必修］公式テキスト

実力を試してみよう！

勉強の成果を確認

例題集

ここまで化粧品成分について学んできましたが、

理解は進みましたか？

最後に化粧品成分を理解度を試せる

例題をいくつか用意しました。

気軽にチャレンジしてみてください。

もし、答えに迷ったり、間違えたところがあれば、

あらためてテキストを読み直して復習しましょう。

この例題集は、本書の理解を確認するためのものです。
検定における特定の級を対象にした内容ではありません。

例題 1

化粧品の効能・効果の表現として、
不適切なものを次の中からひとつ選びましょう。

a. 真皮に浸透して肌のキメを整える。

b. 日やけによるシミ、ソバカスを防ぐ。

c. 肌にはりを与える。

d. 頭皮、毛髪にうるおいを与える。

e. 口唇の荒れを防ぐ。

▶▶▶ 解答はP.153

例題 2

発がんリスクと化粧品成分の安全性について、
最も適切な説明を次の中から選びましょう。

a. 国際がん研究機関（IARC）による発がん性リスク一覧に収載された成分は化粧品に配合してはいけない。

b. コカミドDEAは発がん性リスク一覧に収載された成分なので、配合禁止成分になった。

c. 発がん性リスク一覧に収載された成分だからといって一概に安全性が低いとは断言できない。

d. 酸化チタンは発がんリスクがあるため、メイクアップ化粧品に配合する場合は、配合上限がある。

e. 発がん性リスク一覧に収載されていない成分は肌への刺激が少なく安全な成分である。

▶▶▶ 解答はP.153

例 題 3

医薬品医療機器等法における化粧品の定義について、最も適切なものを次の中から選びましょう。

a. 人や動物の身体等に用いるもの。

b. 人体に対する作用が緩和なもの。

c. 人体への改善効果を持つもの。

d. 効果・効能がないもの。

e. 有効成分を含むもの。

▶▶▶ 解答はP.154

例 題 4

医薬部外品の全成分表示制度について、不適切なものを次の中からひとつ選びましょう。

a. 国が指定した成分を配合している場合、その成分名を記載する。

b. 成分の名称は、成分名、別名、簡略名と3つの種類が用意されており、どの名称を使用するかは自由である。

c. 最初に「有効成分」を記載して、その後に「その他の成分」(添加物)を記載する。

d. 有効成分が複数ある場合は厚生労働省に提出した承認申請書に記載してある順番で記載する。

e. その他の成分の表示順は順不同でよい。

▶▶▶ 解答はP.154

例題 5

化粧品の成分表示名称リストについて、最も適切なものを次の中から選びましょう。

a. 化粧品の成分表示名称リストに記載されていない成分を化粧品に使用してはならない。

b. 化粧品の成分表示名称リストは、日本化粧品工業会（粧工会）が作成している。

c. 化粧品の成分表示名称リストに載っている成分はすべて日本化粧品工業会（粧工会）によって安全性が確認されている。

d. 化粧品表示名称リストは、化粧品への配合可否の判断に使用される。

e. 化粧品の成分表示名称リストには、化粧品に配合可能な成分だけが記載されている 。

▶▶▶ 解答はP.155

例題 6

化粧品に配合可能な成分の判断基準について、最も適切なものを次の中から選びましょう。

a. 厚生労働省が判断する。

b. 日本化粧品工業会（粧工会）が判断する。

c. 表示指定成分かどうかで判断する。

d. 化粧品の成分表示名称リストに掲載されているかで判断する。

e. 化粧品メーカー（化粧品製造販売業者）が自らの責任のもとで判断する。

▶▶▶ 解答はP.155

例 題 **7**

化粧品の成分表示名称に関して、
不適切なものを次の中からひとつ選びましょう。

a. 欧米を中心に広く使われているINCI名をそのまま使用する。

b. 化粧品の成分表示名称リストにない名称を使うこともできる。

c. 欧米を中心に広く使われているINCI名をもとに日本人にわかりやすい邦文の名前が作成されている。

d. 表示名称が作成されているからといって化粧品に配合が認められているとは限らない。

e. 日本化粧品工業会（粧工会）が「化粧品の成分表示名称リスト」を作成している。

▶▶▶ 解答はP.156

例 題 **8**

医薬部外品の説明として、
最も適切なものを次の中から選びましょう。

a. 全成分表示の義務がある。

b. 配合できる有効成分は日本化粧品工業会（粧工会）で審査承認を得た成分である。

c. 品目ごとに国による承認を受ける必要がある。

d. 薬用化粧品の全成分表示に使用できる成分表示名称の種類は簡略名と別名の2種類である。

e. 化粧品と同じ規格書で成分が管理されている。

▶▶▶ 解答はP.156

例 題 9

医薬部外品の成分表示名称と化粧品の成分表示名称について、**不適切なもの**を次の中からひとつ選びましょう。

a. 医薬部外品の成分表示名称には、「スクワラン」と「植物性スクワラン」がある。

b. 医薬部外品の成分表示名称には、「濃グリセリン」はない。

c. 化粧品の成分表示名称リストには、「濃グリセリン」はない。

d. 医薬部外品の成分表示名称は日本化粧品工業会（粧工会）が作成している。

e. 化粧品の成分表示名称は日本化粧品工業会（粧工会）が作成している。

▶▶▶ 解答はP.157

例 題 10

水酸化Alの「Al」とは何の元素記号か、**最も適切なもの**を次の中から選びましょう。

a. 金

b. アルミニウム

c. ケイ素

d. 亜鉛

e. チタン

▶▶▶ 解答はP.157

例題集解答

答え合わせをしてみましょう。いくつ正解しましたか？
解説を読んできちんと理解をしているか確かめましょう。
テキストを読み返し復習することで、しっかりと知識が身につきます。

例題 1 の解答 …… a.

【解説】

　化粧品の効能は、医薬品医療機器等法によって「清潔にする」「美化する」「魅力を増す」「容貌を変える」「皮膚や毛髪を健やかに保つ」のうちひとつ以上の効果を持つものであると定められています。さらに具体的には「化粧品の効能の範囲」において、全部で56項目の効能が定められています。aの効果は化粧品の効能の範囲に含まれていません。
　「真皮に浸透して肌のキメを整える」は、あたかも化粧品が浸透して肌の奥深くに作用して肌のキメを整えたかのように暗示しています。医薬品医療機器等法での化粧品の定義は、「人体に対する作用が緩和なもの」とされ、化粧品が作用する範囲は皮膚の上に限られます。つまり「真皮に浸透」という表現は、化粧品の効能としては逸脱するため、使用することはできず、使用すると医薬品医療機器等法違反になります。

例題 2 の解答 …… c.

【解説】

　IARCの発行している「発がん性リスク一覧」は、さまざまな物質や日用品、生活習慣などが、発がんとどの程度「関係性」があるかを分類しており、発がん性の強弱ではなく、発がん性との関係の有無で分類しています。本リストに記載されていることが、化粧品への配合を禁止しているものではありません。それぞれの人の育った環境や文化、持つ知識量などによって情報の解釈や感じ方はまちまちです。コカミドDEAが、発がん性リスク一覧に掲載されているからといって、配合したシャンプーを避けるのも避けないのも、どちらの解釈も間違いではありません。
　ただ、知識があれば不要に恐れを抱くことなく、自分の価値観に基づいて自分基準の化粧品選びができます。

例題 3 の解答 …… b.

【解説】

　医薬品医療機器等法の第二条の3で「化粧品とは、人の身体を清潔にし、美化し、魅力を増し、容貌を変え、又は皮膚若しくは毛髪を健やかに保つために、身体に塗擦、散布その他これらに類似する方法で使用されることが目的とされている物で、人体に対する作用が緩和なものをいう」と定義されています。そのため、a.の動物は対象外、c.の改善効果は化粧品には該当しないため不適となります。また、化粧品ではない物品を化粧品と称して販売することは、医薬品医療機器等法違反になります。

例題 4 の解答 …… a.

【解説】

　医薬部外品の成分表示制度には次の2種類があります。

（1）法律によって義務づけられている表示指定成分制度。

（2）業界団体の自主活動として行っている全成分表示制度。

　a.は表示指定成分制度の説明であり、全成分表示制度の説明ではありません。医薬部外品の全成分表示は、日本化粧品工業会（粧工会）の自主的な活動として行われています。最初に「有効成分」を記載して、その後に「その他の成分」（添加物）を記載します。有効成分が複数ある場合は、厚生労働省に提出した承認申請と同じ順番で記載し、その他の成分の順番は自由です。化粧品の全成分表示とはだいぶルールが異なりますので注意が必要です。

例題 5 の解答 …… b.

【解説】
　2001年の化粧品成分の規制緩和により、化粧品メーカーは自己の責任において成分を自由に決めることができるようになりました。これまで国が管理していた公定規格や基準は不要となり、各化粧品メーカーの自己責任と自己管理に変わりました。化粧品成分の全成分表示制度は、消費者が適切な化粧品を選ぶために導入されました。成分の名称は日本語で書き、消費者が混乱しないようにするため業界団体である日本化粧品工業会（粧工会）が「化粧品の成分表示名称リスト」を作成しています。このリストは化粧品メーカーが成分名を選択する際の参考として提供され、業界内の統一を図るためのものです。
　ただし、このリストに載っている成分が安全であるかどうかは保証されておらず、このリストに載っている成分が化粧品への配合が許可されているかは無関係です。配合可能かどうかは十分な安全性の確認と関連する法律等に基づき、化粧品メーカーが自らの責任において判断することとなっています。

例題 6 の解答 …… e.

【解説】
　成分の化粧品への配合可否は、化粧品メーカー（化粧品製造販売業者）が、自らの責任において十分な安全性の確認と関連する法律等を確認した上で判断します。国や業界団体が判断するものではありません。日本化粧品工業会（粧工会）が作成している「化粧品の成分表示名称リスト」が化粧品成分の一覧表であるように思われがちですが、このリストは単に成分に名前を付けているだけで、名称の作成にあたって安全性の確認や化粧品への配合可否といったことは考慮されていません。

例題 **7** の解答 …… **a.**

【解説】

　化粧品の成分表示名称については「化粧品の全成分表示の表示方法等について」（平成13[2001]年3月6日付医薬審発第163号）で『成分の名称は、邦文名にて記載し、日本化粧品工業連合会作成の「化粧品の成分表示名称リスト」等を利用することにより、消費者における混乱を防ぐよう留意すること』と定められています。

「化粧品の成分表示名称リスト」は直後に「等」が付いているので、必ずしもこのリストに載っている成分の名前を使わなければならないというわけではありません。実際、多くの化粧品メーカーが、日本化粧品工業会（粧工会）が作成している「化粧品の成分表示名称リスト」に記載されている名前を使っていますが、一部には化粧品メーカー独自の名前が使われているものもあります。

　なお、名称の作成にあたってはその成分の安全性や化粧品への配合可否は考慮されていないので、化粧品に配合禁止成分が化粧品の成分表示名称リストに載っている場合もあります。

例題 **8** の解答 …… **c.**

【解説】

　医薬部外品は、表示指定成分を配合している場合には、その成分名を記載しなければならないですが、全成分表示の義務はありません。全成分表示は業界の自主的な活動でその際に使用する名前は成分名、別名、簡略名と複数の名称が用意されています。

　化粧品は品目ごとに届出すれば製造販売することができますが、医薬部外品は品目ごとに国による審査を受けて承認を得なければ、製造販売することはできません。

　医薬部外品の成分には医薬部外品原料規格、日本薬局方など国によって定められた規格がありますが、化粧品の成分の規格は国が定めたり承認したりするものではありません。

例題 9 の解答 …… b.

【解説】
　化粧品の成分表示名称も、医薬部外品の成分表示名称も日本化粧品工業会（粧工会）が作成して公表しています。
　化粧品の成分表示名称は、欧米を中心に世界で広く使われている化粧品成分名称であるINCI名に基づき、そのカタカナ読みまたはそれに準ずる名称が作成されています。一方で医薬部外品の成分表示名称は、厚生労働省が作成している医薬部外品添加物リストで定められている名称に基づく定められている成分名、別名、さらに簡略化した簡略名といった名称が作成されています。そのため、たとえば同一の成分に対しても化粧品と医薬部外品では異なる表示名称が作成されていたり、化粧品ではひとつの名称にまとめられている成分が、医薬部外品では別々の成分として、それぞれに名称が作成されているといった例が多数あります。

例題 10 の解答 …… b.

【解説】
　成分名の中に元素の名前が含まれるとき、元素の名前が長いものは元素記号で書いて短くします。Na：ナトリウム、K：カリウム、Mg：マグネシウム、Al：アルミニウム、Li：リチウムなど。ただし、鉄、窒素、亜鉛、金、ケイ素、銀、リン、チタンなど、元素名のままでも十分短いものは元素名のまま使います。

【参考文献】

『化粧品事典』日本化粧品技術者会 (丸善)

『化粧品成分ガイド』宇山侊男、岡部美代治、久光一誠 (フレグランスジャーナル社)

『日本化粧品成分表示名称事典 第3版』日本化粧品工業会 (薬事日報社)

『化粧品化学へのいざない 第5巻』坂本一民、山下裕司ほか (薬事日報社)

【参考資料 (ホームページ)】

厚生労働省　https://www.mhlw.go.jp/

日本化粧品工業会 (粧工会)　https://www.jcia.org/

IARC　https://www.iarc.who.int/

農林水産省　https://www.maff.go.jp/

Cosmetic-Info.jp　https://www.cosmetic-info.jp/

化粧品成分オンライン　https://cosmetic-ingredients.org/

●本書では、法律や省庁、業界団体からの通知を引用している文章の表記は、原文での表記を使用しております。通知日に原文が和暦を用いている場合は、西暦を併記しています。
　「日本化粧品工業会(粧工会)」関して、2023年の名称変更以前の出来事や通知での表記は、旧名称の「日本化粧品工業連合会」を使用しています。

編者　一般社団法人　化粧品成分検定協会(CILA)

【代表理事　略歴】

久光　一誠 (ひさみつ　いっせい)

1997年東京理科大学大学院基礎工学研究科修了。博士（工学）。化粧品メーカーでスキンケア
化粧品の開発を担当したのち、現在は化粧品開発コンサルタントとして、化粧品技術者向け情報
提供サイト「Cosmetic-Info.jp」を運営。東京工科大学非常勤講師、神奈川工科大学客員教
授、国際理容美容専門学校非常勤講師。『化粧品成分ガイド』（ユイビ書房・共著）がある。

化粧品成分検定協会（CILA）　https://www.seibunkentei.org/

【編者略歴】一般社団法人　化粧品成分検定協会（CILA）

創立2014年10月

代表理事　久光一誠

理事　柴田雅史、菅沼 薫、髙野勝弘、内藤 昇、平尾哲二

事業内容

●「化粧品成分検定」の実施、運営
　　合格者の資格認定・認定証公布、公式検定テキストの発行・配布
●化粧品に関する情報の発信
　　協会HP、SNSページ、メールマガジン等を通じた情報発信
●各種講演会、セミナー、シンポジウムの開催

【スタッフクレジット】

カバーデザイン	仲亀 徹（ビー・ツー・ベアーズ）
本文デザイン・DTP	若松 隆
イラスト	青山京子
構成	小林賢恵
校正	くすのき舎

化粧品成分検定 エッセンシャル［必修］公式テキスト

2024年12月19日　初版第1刷発行

編　者	一般社団法人 化粧品成分検定協会
発行者	岩野裕一
発行所	株式会社実業之日本社
	〒107-0062 東京都港区南青山6-6-22 emergence 2
	電話　【編集】03-6809-0473／【販売】03-6809-0495
	https://www.j-n.co.jp/
印刷所	三共グラフィック株式会社
製本所	株式会社ブックアート

© Cosmetic Ingredient Licensing Association 2024 Printed in Japan
ISBN978-4-408-65123-1（第二書籍）

本書の一部あるいは全部を無断で複写・複製（コピー、スキャン、デジタル化等）・転載することは、
法律で定められた場合を除き、禁じられています。
また、購入者以外の第三者による本書のいかなる電子複製も一切認められておりません。
落丁・乱丁（ページ順序の間違いや抜け落ち）の場合は、ご面倒でも購入された書店名を明記して、
小社販売部あてにお送りください。送料小社負担でお取り替えいたします。
ただし、古書店等で購入したものについてはお取り替えできません。
定価はカバーに表示してあります。
小社のプライバシー・ポリシー（個人情報の取り扱い）は上記ホームページをご覧ください。